AF558445

Brennnesseln

Ein Portrait
von
Ludwig Fischer

NATURKUNDEN

NATURKUNDEN № 32

herausgegeben von Judith Schalansky
bei Matthes & Seitz Berlin

Inhalt

Die verkannte Nessel

Spät bin ich den Brennnesseln nahegekommen. Sie wuchsen in vielen Ecken und Nischen des großen Grundstücks, auf dem wir das uralte Bauernhaus wieder aufbauten, das ich immer noch bewohne. Und am Zaun zu den Nachbargrundstücken, im Streifen der abschirmenden Wildsträucherhecke, am verwilderten Wegrand der Zufahrt ließ ich sie jedes Frühjahr wieder neu austreiben. Ich wusste, dass die Blätter den Raupen vieler unserer schönsten Schmetterlinge als Nahrungsgrundlage dienen und dass die jungen Triebe eine kräftige Beigabe in die Frühlingskräutersuppe sind. Auch dass man sie als zeitigen Spinatersatz nutzen und dem frühjahrsmüden Körper damit etwas Gutes tun kann. Nur wenn sie, an die zwei Meter hoch, sich zu weit in den Weg neigten oder dem Komposthaufen zu nahe kamen, habe ich sie abgemäht, und die Kinder lernten früh, Abstand von ihnen zu halten.

Noch während die letzten Arbeiten am Haus zu tun waren, begann ich, ein erstes kleines Stück Garten anzulegen. Ein Garten nur mit Kräuterpflanzen sollte es werden. Nach und nach, über Jahre hin, kultivierte ich Stück um Stück der ehemaligen Wiese. Auf den frisch gepflanzten Arealen wuchsen die wilden, ungebetenen Kräuter viel schneller als die angekauften Würz- und Heil- und Duftkräuter, als die vielen Salbei- und Thymianarten, die Rosmarinbüsche, die kleinen Lavendelsträucher, die kriechenden Bergbohnenkräuter, die Oreganotuffs, die silbrigen Heiligenkräuter, sogar als die Indianernesseln und Agastachen und Minzen und filigranen Artemisien. Den ganzen Sommer über musste ich Franzosenkraut und Melde und Vogelmiere und Steinklee und Schaumkraut und Gräser aus der Erde ziehen, damit sie die umhegten Kräuterpflanzen nicht überwucherten. Auf den Gedanken, das unerwünschte Grünzeug für einen Wildkräutersalat zu ernten, kam ich noch nicht – es dauerte noch lange, bis ich einer Besucherin, die über den Giersch in ihrem Garten stöhnte, sagte: »Aufessen!«

Ein paar Brennnesseln hatten sich selbstverständlich auch ausgesät, ich zog die Jungpflanzen sorgfältig aus der aufgelockerten Krume, damit nicht zurückbleibende Wurzelstücke neu austrieben. Es ist erstaunlich, wie schnell ganz junge Brennnesseln ein flaches, weit verzweigtes Wurzelwerk bilden, schon im ersten Jahr kann es, wenn man die Pflanze in Ruhe lässt, mehr als einen Quadratmeter Boden durchwuchern, dann muss man es, um sicher zu sein, mit der Gabel ausgraben.

Zehn Jahre später beschloss ich, einen neuen, noch reichhaltigeren Schaugarten mit Kräutern auf einem Stück der Wiese anzulegen. Immer mehr größere und kleinere Besuchergruppen hatten die über 300 Kräuterarten und -sorten sehen wollen, sechs Jahre hatte es gedauert, bis ich mit der Anlage am Rand des alten Obstgartens unter den Ruinen von ein paar Pflaumen-, Mirabellen- und Apfelbäumen an ein Ende gekommen war. Entweder musste ich nun den Privatgarten für Besucher schließen, weil er die Gruppen nicht verkraftete, oder es musste ein Schaugarten entstehen. Ein halbes Jahr lang baute ich mit einem Jugendwerk, das benachteiligten Jugendlichen eine Ausbildung für den Garten- und Landschaftsbau anbietet, an dem neuen Garten. In ihm wurden auch Flächen für Wildkräuter angelegt – das *Feld- und Wiesen-Stelldichein* hauptsächlich für die Ein- und Zweijährigen: Kornblumen, Mohn, Ackerringelblume, Nachtkerze, Feldstiefmütterchen, dazu Wildskabiose, Malve, Rainfarn, Johanniskraut, Schafgarbe. An anderer Stelle, zum Zaun hin, *wilde Gäste:* Feldmargerite, Wilde Möhre, Großer Wiesenknopf, Duftschafgarbe, Drachenkopf, Braunelle, Wiesensalbei, zum Schatten hinüber Bärwurz, Süßdolde, Großer Kälberkopf, Nesselkönig. (Dieser ist übrigens eine großblütige, stattliche Taubnessel-Art, also mit der Brennnessel nicht verwandt; seine Blüten sind süß wie Konfekt.)

Ich hatte auch eine Fläche für die Brennnesseln eingeplant: unter einem Apfelbaum, einem Hochstamm, den ich im ersten Jahr gesetzt hatte. Das Viereck umgürtete ich mit einer eingesenkten Wurzelsperre – wenigstens mit den Ausläufern sollten die Nesseln mir nicht das Gärtnerleben schwermachen.

Bei Führungen werde ich immer wieder gemahnt: »Die Brennnesseln da unter dem Apfelbaum müssen Sie aber ausreißen, die verbreiten sich ja im ganzen Garten!« Dann antworte ich: »Mitnichten. Die habe ich dort angepflanzt, unter dem Apfelbaum, sie gehören, wie dieser Baum, zum Lustgärtlein.« Unweigerlich folgt die Frage: »Warum?« Dann beginne ich zu erzählen: Schon die Pflanzenkundigen bei den alten Griechen beschrieben, wie man Brennnesselsamen mit Pfeffer mischen oder ihn in Wein rühren oder mit Ei und Honig und Pinienkernen vermengen und zu sich nehmen solle, weil das die Libido stärke. Ob diese Wirkung tatsächlich erzielt werde, sei umstritten, aber dass Brennnesselsamen mit ihren vielen

Die Große Brennnessel wurzelt flach mit mehrfach verzweigten Ausläufern in der Erde, während ihre kleinen nussigen Samen stets in Trauben herabhängen.

Mineralstoffen, Spurenelementen und Vitaminen es mit dem teuren Ginseng aufnehmen können, sei erwiesen.

Ende August oder Anfang September schneide ich, mit derben Handschuhen an den Händen, Armvoll Brennnesseln, an denen in kleinen Trauben die Samen hängen, um die Pflanzen zu trocknen, einige Blätter für Tees aufzubewahren, vor allem aber die Samen abzustreifen und auszusieben und in Gläser zu füllen. Fast das ganze Jahre über esse ich täglich einen Esslöffel der kleinen, nussigen Körner und bilde mir keineswegs bloß ein, dass es mich kräftigt und vor allem die nasse und kalte Jahreshälfte gut zu überstehen hilft. Inzwischen habe ich das meiste über dieses allgemein verabscheute Wildkraut gelesen, manche der zahllosen Rezepte habe ich ausprobiert, die eine oder andere Anwendung auch. Die Brennnessel gehört längst zu denjenigen Pflanzen im Schaugarten, an denen ich verdeutliche, dass Kräuter nicht bloß Grünes sind, das wächst, sondern dass sie eine viele tausend Jahre lange gemeinsame Geschichte mit den Menschen haben. Pflanzenkunde, vor allem Kräuterkunde ist unabdingbar auch Kulturgeschichte.

Die wilden Brennnesseln gehörten zu den wichtigsten Pflanzen schon für die Menschengruppen, die in der Altsteinzeit durch Europa streiften. Der bislang älteste Fund wird auf rund 30 000 Jahre v. Chr. datiert: Es sind Bastfasern aus den Stängeln der Nessel in den Gravettien-Höhlen von Dolní Věstonice und Pavlov in Mähren. Die Brennnesseln wurden nicht nur als Faserlieferanten genutzt, sondern ebenso als Nahrungsmittel, als Heilkraut und Ritualpflanze. Mythen, religiöse Texte, Sagen und Märchen geben eine Ahnung davon, und archäologische Entdeckungen liefern Beweise für die Bedeutung, die diese Allerweltspflanze von der Frühzeit bis in die jüngste Epoche für den Alltag der Menschen besaß. Die Geschichte der Menschen mit diesem brennenden Kraut spannt sich auf zwischen Verwünschung und Verehrung, zwischen Vertilgung und sorgsamer Nutzung, zwischen Verachtung und Hochschätzung, zuletzt zwischen Vergessen und Wiederentdecken.

Dabei kann man meinen, die Brennnesseln selbst hätten die Nähe zu den Menschen gesucht – besonders gern wuchsen sie in der Umgebung von Siedlungsplätzen und Behausungen, in den Ecken und an den Rändern von Höfen, hinter den Ställen, bei den Dunghaufen, am Rand von Viehweiden. Bei den Agrarfabriken unserer Zeiten, auf betonierten Hofplätzen, an Gülletanks, neben luftdicht abgedeckten Silobergen finden sie aber den Humus nicht, den sie brauchen, ungenutzte Feldraine und Waldränder gibt es kaum noch, die Straßenbauverwaltungen mähen alles rigoros ab. Brennnesseln sehen sich auf ein paar Reservate zurückgedrängt, in den Städten bleiben ihnen nur einige wenige verwildernde Flächen, aufgelassene Grundstücke, stillgelegte Gleisbetten. Aus den Gärten werden die Brennnesseln gnadenlos eliminiert, in Kleingarten-Kolonien gehört es sogar zu den satzungsgemäßen Pflichten, ausbreitungsfreudige Unkräuter wie die Brennnesseln gar nicht erst Fuß fassen zu lassen.

Aber die Nesseln haben buchstäblich einen Narren an den Menschen gefressen, immer wieder versuchen sie, mit ihren weit streuenden Samen günstige Plätze in menschlicher Umgebung zu besetzen. Sie haben einen hohen Bedarf an Stickstoff, deshalb erschien ihnen in Zeiten traditioneller Landwirtschaft ein Bauernhof mit Misthaufen, eine Weide mit Kuhfladen, eine

Böschung an einem verunreinigten Graben als Paradies. Ein gepflegter, gut versorgter Nutzgarten war für sie immer verlockend – das Sprichwort bestätigt es: »Kein Garten ohne Nesseln«.

Über Jahrtausende überließ man ihnen in der Nähe von Siedlungen Areale, um die man sich nicht sonderlich kümmerte. Man ließ sie wachsen, wo sie – das Rührmichnichtan unter den wilden Kräutern – nicht wirklich störten, und sie wucherten, so gut sie konnten: Eine Nesselstaude kann an einem günstigen Standort bis zu zwanzig Stängel aus ihrem Wurzelgeflecht treiben und über zwei Meter hoch werden.

Bis zur Industrialisierung lebten Mensch und Brennnessel in einer Art Symbiose. Die Menschen ließen die Pflanzen ein wenig am Nahrhaften des Unrats, der Exkremente, des angereicherten Bodens teilhaben, dafür wurden ihnen Blätter und Stängel genommen, um als Nahrung, als Heilmittel, als Rohstoff für Garn, Strick und Tuch zu dienen.

Diese gegenseitige Vorteilsnahme von Kulturträger Mensch und Kulturfolgerin Brennnessel löste sich im 19. Jahrhundert auf, man entzog den Nesseln in den modernisierten Umgebungen die Nahrungsgrundlagen und Standortnischen. Endgültig dezimiert wurden Restbestände mit den Feldzügen der technisierten Landwirtschaft in dem effizient durchgezogenen Krieg der Agro-Industrie gegen die wilden Pflanzen und Tiere.

Aber Brennnesseln sind Überlebenskünstler, Meister der Anpassung. Dazu verhilft ihnen nicht nur die ungeheuerliche Fruchtbarkeit – eine einzige weibliche Nesselstaude kann pro Jahr Zigtausende von Samen erzeugen –, sondern vor allem ihre Fähigkeit, sich mit vielen verschiedenen Bodenbeschaffenheiten zufriedenzugeben, in voller Sonne und im Schatten zu gedeihen, als sogenannte Ruderalpflanze jeden freien Fleck zu besetzen und notfalls grüne Nachbarn auch energisch zu verdrängen. Aufgelassene, nur wenig bewachsene Flächen können sich zumindest zeitweise in regelrechte Brennnesselsteppen verwandeln.

So lassen die Brennnesseln, auch wenn sie bekämpft, verdrängt, verfemt, verleumdet werden, dennoch nie ganz von ihrer Lust, sich als Kulturfolger in die Nähe der Menschen zu wagen. Und in den letzten Jahrzehnten gewinnen sie wieder an Achtung und Aufmerksamkeit, erhalten verlorene und vergessene Plätze zurück, ja finden sogar – von den meisten unbemerkt – Eingang in die avancierteste Technik und hochpreisige Kultursegmente.

In jüngster Zeit entwickelt sich eine neue Vergemeinschaftung mit den Menschen: Diese verwandeln sich die nützlichen Eigenschaften der Brennnessel an, indem sie aus dem wilden Kraut eine Kulturpflanze züchten. Spät, sehr spät in der Geschichte jener Symbiose kann der Mensch wähnen, das wehrhafte Gewächs seinem Willen unterworfen, das Naturwesen seiner Techno-Sphäre einverleibt zu haben. Es muss, der natürlichen Vielfalt seiner Erscheinung entrissen, selektiert, ausgemendelt, ungeschlechtlich vermehrt, die Erfordernisse einer lohnenden Vermehrung erfüllen. Im Gegenzug nimmt die menschliche Gesellschaft den gezähmten Wildling in ihre Obhut, sichert ihm die günstigsten Bedingungen für seine Entfaltung, befördert die in seiner artgemäßen Ausstattung angelegte Optimierung, erweist dem endlich ganz im Kulturkreis angekommenen Nützling ihre landwirtschaftliche Reverenz.

Für die Schmetterlingskunde spielt die Große Brennnessel eine bedeutsame Rolle, weil über 40 unserer Tag- und Nachtfalterarten für die Ernährung ihrer Raupen auf sie angewiesen sind.

Tatsächlich könnte nun ein neues Kapitel auch in der Naturgeschichte der Großen Brennnessel geschrieben werden – wenn nur die Menschen dabei nicht vergäßen, dass es zugleich ein weiterer Aphorismus zu ihrer eigenen Naturgeschichte ist. Denn die Zuchtnessel kann nicht existieren ohne einen erheblichen Aufwand an menschlicher Arbeit und an zugeführten Ressourcen. Die Dialektik der fortschreitenden Zivilisation wohnt auch diesem Aneignungsvorgang inne: Die Zuchtnessel, wenn sie nicht gehegt und gepflegt wird, ob nun mit ökologisch inspirierter Behutsamkeit oder mit agroindustrieller Gewalt, kehrte sehr schnell wieder zu ihrer Wildform zurück, sie liefert nur ein Beispiel dafür, wie vorläufig, wie unabdingbar gebunden an Arbeits- und Energieaufwand jede zivilisatorische Errungenschaft in unseren menschengemachten Naturumgebungen ist.

Möge uns der Rest naturbezogenen Überlebenswillens davor bewahren, der Großen Brennnessel eine genetische Ummodelung angedeihen zu lassen. Konventionellem Kreuzungsbemühen – etwa um ihr die lästigen Brennhaare auszutreiben – selbst mit nahen Verwandten aus der großen Brennnesselfamilie hat die heimische Art sich standhaft verweigert. Dies als ein Zeichen des Eigenlebens dieser Pflanze zu respektieren, gehört zu der sich neu gestaltenden, gemeinsamen Geschichte von Menschen und Nesseln.

Das garstige Kraut

Am Anfang stand eine Verfluchung. In der Bibel werden Nesseln nur erwähnt, wo auf jenen Fluch verwiesen ist, mit dem Gott nach der Ursprungserzählung Adam aus dem Paradies weist: »... verflucht sei der Acker um deinetwillen, mit Kummer sollst du dich darauf nähren dein Leben lang. Dornen und Disteln soll er dir tragen, und sollst das Kraut auf dem Felde essen.« (1. Mose 3, 17)

Die Dreieinigkeit von Dornen, Disteln und Nesseln bildet im Alten Testament das Signum des verwilderten, des unbearbeiteten, des unfruchtbaren Erdbodens, und die Rückkehr dieser drei pflanzlichen Plagen kann zur Prophezeiung der Strafe Gottes dienen: »Siehe, sie müssen weg vor dem Verstörer, Ägypten wird sie sammeln, und Moph wird sie begraben. Nesseln werden wachsen, da jetzt ihr liebes Götzensilber steht, und Dornen in ihren Hütten.« (Hosea 9, 6) Ganz ähnlich kündigt Jesaia das Gottesgericht über das heidnische Edom an: »und werden Dornen wachsen in seinen Palästen, Nesseln und Disteln in seinen Schlössern.« (Jes. 34, 13). Noch drastischer formuliert es Zephanja: »Wohlan, so wahr ich lebe! spricht der Herr Zebaoth, der Gott Israels, Moab soll wie Sodom und die Kinder Ammon wie Gomorra werden, ja wie ein Nesselstrauch und eine Salzgrube und eine ewige Wüste.« (Zeph. 2, 9)

Dass Brennnesseln eine Plage seien, mit der stets latent drohenden Verwilderung der »im Schweiße des Angesichts« be-

Die Berührung mit den langen Brennhaaren der Himalaya- oder auch Nilgirinessel ist äußerst schmerzhaft.

stellten Äcker und der Überwucherung verlassener Wohnstätten, kann man – in umwelthistorischer Perspektive – als eine religiöse Übersetzung jener Erfahrung betrachten, die sich mit dem Übergang zur neolithischen Revolution unabdingbar einstellte: Der von den Menschen gemachte Naturzustand der bäuerlich bewirtschafteten Flächen zwang zu Tätigkeiten, mit denen erst Arbeit im eigentlichen Sinne entstand, die unerlässliche Verausgabung von Körperkraft und Geschicklichkeit, um die in Kultur genommenen Flächen vor dem Rückfall in Wildnis zu bewahren. Wehrhafte Ruderalpflanzen wie Disteln, Nesseln, dornige Gewächse, die mit als Erste Äcker und Siedlungsflächen bedrohen, mussten so zum Inbegriff jener göttlichen Strafe werden.

In anderen Religionen, die auch ein völlig anderes Naturverhältnis ausgebildet haben als unseres, gewann die Brennnessel eine gänzlich abweichende Bedeutung, so zum Beispiel im tibetischen Buddhismus: Am Kailash, dem heiligsten Berg der buddhistischen, hinduistischen, jainistischen und bönistischen Religionen – gelegen im Westen des tibetischen Himalaya –, wachsen großflächige Nesselbestände. Der Legende nach soll einer der bedeutendsten Lehrer und Dichter in der Geschichte Tibets, der Yogi Milarepa (1052–1135), jahrelang einsam am Fuß des Berges gehaust und sich von nichts anderem als Brennnesseln ernährt haben. Er sei davon ganz grün geworden.[1]

Man kann sich nicht längere Zeit ausschließlich von Nesseln ernähren, aber mit der Legende erhalten die Nesseln zumindest im tibetischen Buddhismus eine tiefe religiöse Weihe, sie sind ›heilige Speise‹ – auch heute noch für die vielen Pilger am Berg.

Für die biblische Verunglimpfung der Nesseln bot selbstverständlich das schon vorgeschichtliche, erfahrungsgesättigte Wissen Anlass genug, dass jede Berührung dieser Pflanzen äußerst unangenehm werden kann, dass es also eine besondere Plage ist, sie zu beseitigen.

Auch bei uns greifen nahezu alle Sprichwörter und Redensarten auf die körperliche Elementarerfahrung zurück. »Nesseln brennen Freund und Feind«, »Der muss sehr müde sein, der auf Nesseln schläft«, »Was zur Nessel werden will, brennt beizeiten«, »Kluge Hühner legen auch in Nesseln«, »Wenn man die Nessel auch nicht sieht, man fühlt sie wohl« – lang ist die Reihe solcher Alltagsweisheiten,[2] in denen die Eigenschaft dieser Pflanzen unmittelbar gegenwärtig ist. Nur dem Teufel, der ans Feuer gewöhnt ist, macht das Nesselgift angeblich nichts aus: »›Dat Kruut kenn ick‹, sä' de Düwel un sett sick in de Brennettel.« Oder spöttelt man da über den höllischen Trottel? Der kann aber deutlich werden: »›Die Nessel ist ein sauber Kraut‹, sagte der Teufel, ›es wischt sich niemand den Arsch daran.‹«

Sprichwörter geben aber auch andere grundlegende Erfahrungen mit den Nesseln weiter: »Nesseln wachsen ohne Saaten, ohne Pflug und Spaten.« und »Wer die Nessel nicht an der Wurzel fasst, jätet umsonst.«[3]

Fast alle solcher Sprichwörter sind Merkformeln, die meist zu Vorsicht und Klugheit im Umgang mit der Pflanze auffordern. Einige der überlieferten Sprüchen geben sehr praktische Ratschläge: »Je fester man eine Nessel anfasst, desto weniger brennt sie« oder »Wen die Nessel nicht brennen soll, der muss sie derb anfassen.«[4] Man solle Brennnesseln zudem, wenn man sie denn mit bloßen Händen ergreifen will, energisch am unteren Stielende packen und – sofern man es auf die Blätter abgesehen hat – diese mit festem Griff von unten nach oben abstreifen.

Solches aus langer Erfahrung gewonnene Wissen lebt von der unmittelbaren Evidenz, die nichts beweisen muss, weil die enthaltene ›Wahrheit‹ sich fast immer in der überall gegenwärtigen, alltäglichen Wahrnehmung bestätigte. Inzwischen jedoch ließe sich die Population derer, die handgreiflich mit Brennnesseln zu tun haben, vermutlich nicht einmal in Promille angeben. In eigentlich paradoxer Weise gehören die Redensarten und Sprichwörter zu Nesseln heute zum Buchwissen, werden allenfalls als Beigabe zu gedruckten oder im Internet ausgestreuten Heilanwendungen, Kosmetik-Empfehlungen und Rezepten gereicht.[5] So kommen auch die ganz metaphorisch bzw. allegorisch gemeinten Spruchweisheiten abhanden – »Nesseln und Rosen wachsen nicht aus einem Stock.« »Wer Nesseln pflanzt, kann keine Lilien finden.« »Auch unter Nesseln wächst zuweilen ein Veilchen.« »Wer nicht eine Nessel ausreißen kann, muss nicht an einer Eiche rütteln.«[6] Diese einprägsamen Formeln sind ein Beweis dafür, welche Aufmerksamkeit den Brennnesseln einmal gegolten hat.

Wenn heute die immer gleichen Sprichwörter und Zitate zur Brennnessel präsentiert werden, soll der Griff nach den alten Überlieferungen zumeist nur den aktuellen Anpreisungen eine Patina verleihen. Bemerkenswert ist aber, dass die digitalen Seiten mit soliden Informationen zur Heil- und Speisepflanze Brennnessel inzwischen in die Hunderte gehen.

Es gibt jedoch keinen Zweifel daran, dass jene verwünschte, verhasste und auch bekämpfte Kulturfolgerin zugleich Kulturfeindin ist. Greifbar werden Negativbild und Feindschaft unter anderem an mancherlei Anleitungen, die zum Beseitigen des Unkrauts verbreitet werden. Man findet einen vielstimmigen Austausch von verzweifelten Gartenbesitzern, die um erprobte Ratschläge fürs ›endgültige‹ Vernichten der grünen Invasoren betteln. Und die Brennnesselbändiger geben im Internet ihre Ratschläge:

> *Wer eine Brennnessel in seinem Garten entdeckt, sollte schnell handeln* [...]. *Wenn die Erde gut feucht ist, rücken Sie den ungeliebten Pflanzen zu Leibe. Effektiv ist das Ausgraben Stück für Stück.*
> *Kräfteschonend, aber langsam: Mit der Mulchfolie gegen Brennnesseln.* [...] *Ohne Licht und Luft gehen selbst Brennnesseln mit der Zeit ein.*
> *Nesseln können aus verbliebenen Resten des Wurzelgeflechts wieder austreiben, deshalb wird von einigen auch der finale Gifteinsatz mit Totalherbiziden ans Herz gelegt.*

Man spricht von Kampf, Beseitigung, Vernichtung – mit der aggressiven, militärischen Bildlichkeit bewegen sich die pragmatischen bis rigorosen Ratgeber auch gegenüber dem unerwünschten Eindringling Brennnessel ganz selbstverständlich auf dem vertrauten Feld der grundlegenden Vorstellung, die das abendländisch-neuzeitliche Naturverhältnis kennzeichnet, nach dem der zivilisatorisch tätige Mensch sich in einem unaufhebbaren, nur vorübergehend und partiell abgemilderten oder mit Waffenstillstand befriedeten Kriegszustand gegenüber den bedrohlichen Naturkräften befindet. Das gilt eben nicht nur für die Gefährdungen durch die elementaren Natur-

Bei Berührung Lebensgefahr – die nur auf Neuseeland vorkommende Art Urtica ferox *kann schwerste, womöglich sogar tödliche Hautreizungen verursachen.*

gewalten, sondern auch für das lebende Naturinventar. Und bei dem nur scheinbar schwachen Nesselgewächs werde schon an der natürlichen Ausstattung dieser Pflanze evident, dass sie wehrhaft sei, dass sie mit ihren Tausenden von Giftzellen an jedem Stängel, auf jedem Blatt alle angreife, die sich ihr nähern, und so besetze sie Terrain, auch im Garten. Als Kulturwesen müsse dann der Mensch den Kampf annehmen und mit seinen Mitteln den Unterwerfungs- und Vernichtungskrieg führen.

Dass Brennnesseln in einem ordentlichen Garten, mit kluger Hand im Zaum gehalten, ihren Platz finden könnten, ist mit den Ansichten von gängiger Gartengestaltung kaum vereinbar. Aber auch jenseits der Gärten werden die urbanen wie die agrarischen Kulturlandschaften konsequent brennnesselfrei gehalten, so als suchten wir die biblische Verfluchung, die von der Vertreibung aus dem Paradies an gilt, endgültig in einen Triumph zu verwandeln. Aber die Brennnesseln geben nicht auf. Dies als eine Art Angebot zu verstehen, nutzbringende und bereichernde Erfahrungen mit dem verfemten Gewächs zu machen, scheint uns verwehrt. Eine Aufklärung, die von den Nesseln im allgemeinen Bewusstsein das Bild der unnützen, zu meidenden, zu tilgenden Pflanze verbreitet, erfüllt erst eigentlich die biblische Verwünschung: Wenn von dem Kraut nur noch gewusst wird, dass es schon jede Berührung mit Schmerzen bestraft, muss man in ihm ganz und gar den natürlichen Widersacher und Peiniger sehen, zu dem es die alttestamentlichen Schriften erklären.

Tausend Namen

Die Pflanze, mit der auch nur in den leisesten Kontakt zu kommen eine sehr unangenehme Bekanntschaft bedeutete, war im Europa der vormodernen Zeit nahezu allgegenwärtig. Weil aber Alltagssprache jahrtausendelang nur Dialekt-Varianten und stark unterschiedliche Entwicklungsstufen eines mehr oder weniger gemeinsamen Wortschatzes und mehr oder weniger ähnlicher Ausdrucksformen kannte, fand sich auch eine schier unglaubliche Vielzahl an Namen für das brennende Kraut. Die meisten dieser unterschiedlichen Namen sind inzwischen ausgestorben.

Da blieb den Sprachforschern angesichts des Verschwindens sprachlicher Vielfalt nur die Dokumentation des Entschwindenden. Das riesenhafte Forschungsunternehmen des *Deutschen Wortatlas* ließ auch für die Nesselnamen eine große Erhebung anstellen. Für das im Schrift- und Schuldeutschen allgemein gebräuchliche Wort *Brennnessel* ergaben die Befragungen an Zehntausenden von Erhebungsorten eine unfassbar große Zahl an unterscheidbaren Benennungen der Pflanze. Die Erhebungen fanden 1939/40 statt und wurden schließlich 1969 veröffentlicht.[7] Eine eigenständige Untersuchung zu dieser enormen Vielfalt der Namen verzeichnete über 1100 lexikalisch und lautlich unterschiedene Bezeichnungen.[8]

Für das Niederdeutsche ist – entsprechend bestimmten, in dieser Sprachform nicht vollzogenen lautlichen Veränderungen – der Name *Brennettel* charakteristisch, von dem sich wiederum eine sehr große Zahl von lautlichen Varianten findet (*Brennätel, Brenneddel, Brenneitel, Brannels, Broineel, Brennahl, Brainirtel* usw. usw.).

Das Hochdeutsche – das in die großen Dialektbereiche des Mitteldeutschen und des Oberdeutschen unterteilt ist – kennt allgemein den uns geläufigen Namen *Brennessel.* Auch er begegnet in sehr vielen lautlichen Varianten (*Brennössel, Börnessel, Brienassel, Brainessel, Breinissel, Brennoisl, Brönnößtl* usw. usw.).

In den beiden großen Sprachräumen kommt zudem das Simplex *Nessel* bzw. *Nettel* in allen möglichen Lautungen vor, von denen einige auf die etymologischen Ursprünge verweisen (*Nestel, Estel, Nätla, Nettle, Niddel, Nerrel, Neita, Nössel* usw.).

Daneben aber haben die Erhebungen eine Vielzahl von Benennungen der Pflanze geliefert, die aus anderen Herkünften und Wortgruppen stammen. Eine ganze Reihe von ihnen enthält als einen Bestandteil noch den Wortkern *Nessel* bzw. *Nettel,* verbindet ihn jedoch mit ganz unterschiedlichen Komponenten. So tritt an die Stelle des *Brennens* in manchen Regionen das *Sengen* oder die *Hitze,* das *Stechen* oder *Picken* oder *Kratzen,* das *Jucken* oder auch *Beißen.* Und der Wortbestandteil *Edder-* oder *Hadder-* oder *Hitter-* verweist auf *Eiter,* in dem ein Wortstamm steckt, der *schwellen* bedeutet. Es wurde aber auch eine ganze Reihe von Benennungen notiert, die zum Beispiel auf die Verwendungen der Nessel zurückgehen, etwa als Viehfutter.[9] Eine kleine Auswahl:

Sengnessel Zengenessel Singnessel Zingesel
Sengel Sangelnessel Sengenierdel Zenghessel Singeletze
Bitzel Brennhölzle Brutschel Feuernessel Höhnernettel
Schrienessel Hadernessel Haarnettel Breinischel
Hiddelnettel Hirrenettel Hisselnettel Etternessel Pickmadam
Brennblume Nillek Schwienettel Broanirl Bronnelle
Fiernettel Neddelkrut Brengnettel Schweinsrose Nessern
Dobennettel Brandfuß Segefze Brannelles Schriepflanze
Brehndöstel Teufelskraut Dunnernettel Sigeska
Brinnerln Füernettel Hettel Brennägel Dannettel Närtel
Pennel Nattr Neerteln Brennetkle Neutka Nassu
Heitenittel Nirrel Neiellen Bremsel Niodel Assel Heuznittel
Baneditt Stechmamsell Branknietel Brutzeln
Hüttenessel Hannatter Brennboom Heuznittel Brennte
Bröneäsel Bonnesiel Ginselkrut Bitzdöhn Sängäsöhl
Biesten Jucknessel Hiddernellen Hitzele Bretzele Geisele
Pinnes Adernessel Haderesten Gänslagroas Bissel
Brennkraut Senktnestel Bickes Destel Eassel Zaigaißel
Brennhexel Stecherte Brömößl Zängelneß Schnotz'n
Senglies Zindhölza Pfengessel Hundsnessel Dachterl
Donnernessel Brühnetzel Hessel Hanfnessel Kitzelblume
Kratzer Puterkraut

Pillennessel. Die kugeligen Blütenstände setzen sich aus vielen weiblichen Einzelblüten zusammen. Ihre Brennhaare sind wehrhaft wie der Stachel der Bienenameise.

Die brennende Pflanze

Wer kein Botaniker ist, kann umstandslos von ›der Brennnessel‹ sprechen, jener ziemlich hohen Wildstaude mit zugespitzt herzförmigen bis spitzovalen Blättern, die, sobald man sie berührt, einen heftigen, stechenden und brennenden Schmerz auf der Haut verursacht. Der botanische Blick aber muss unterscheiden zwischen zwei eng verwandten Brennnesselarten, die in ganz Europa verbreitet sind und sogar benachbarte Bestände bilden können, der häufigeren, wüchsigeren Großen Brennnessel (*Urtica dioica*) und der niedrigeren Kleinen Brennnessel (*Urtica urens*).

Noch zwei weitere Arten aus der Gattung Urtica kommen in Mitteleuropa vor: die Röhricht-Brennnessel (*Urtica kioviensis*) und die ursprünglich im Mittelmeerraum heimische Pillennessel (*Urtica pilulifera*). Sie sind aber selten und auf besondere Standorte beschränkt.

Insgesamt sind für Europa 13 Brennnesselarten beschrieben worden. Manche kommen nur auf bestimmten, abgegrenzten Gebieten vor. Weltweit zählt die Gattung mehr als 30 Arten, allein 14 sind aus China bekannt. Selbst auf Grönland finden sich Nesseln, und manche Art haben die Menschen unwillentlich in Gebiete verschleppt, die keine angestammten Standorte waren.

Die Große und die Kleine Brennnessel lassen sich nicht nur an der Größe unterscheiden – die Kleine kommt auf nicht mehr als 40 Zentimeter Höhe, die Große kann bei günstigen Bedingungen bis zu 2,50 Meter hoch aufschießen. Die Kleine Brennnessel gehört zu den einjährigen Pflanzen, überdauert also den Winter nicht und entsteht jedes Jahr neu aus den Samen. Sie besitzt getrenntgeschlechtige Blüten, d. h. gesonderte männliche und weibliche Blüten auf ein und derselben Pflanze. Die Blätter sind deutlich runder und stärker gezähnt als bei der Schwesterart, und aus der Wurzel wächst nur ein – manchmal verzweigter – Stängel. Zwar weisen die Blätter vergleichsweise wenige Brennhaare auf, aber das Gift wirkt intensiver als bei der Großen Brennnessel. Darauf weist auch der botanische Name hin: Carl von Linné, der für Pflanzen und Tiere den lateinischen Doppelnamen einführte – zuerst die Gattung, dann die einzelne Art –, setzte zum Gattungsnamen *Urtica,* was schon im klassischen Latein ›Brennnessel‹ bedeutete, aus dem gleichen Wortstamm noch einmal die Artbezeichnung *urens,* ›brennend‹. Diese zierliche, niedrige ›Brennende Brennnessel‹ kommt inzwischen seltener vor als die expansive Große. Beide haben ähnliche Ansprüche an ihren Standort: nahrhafter, stickstoffhaltiger, eher feuchter Boden, Sonne bis Halbschatten. Beide gelten als unverkennbare Kulturfolger, die Kleine Brennnessel hat aber mehr unter der Bereinigung der Siedlungsareale und Landwirtschaftsflächen gelitten. Und beide sind essbar, werden zu Heilzwecken verwendet, wobei in der Homöopathie hauptsächlich die Wirkstoffe der einjährigen Art eingesetzt werden. Aus ihr lässt sich allerdings keine verwendbare Faser gewinnen.

Deshalb ist die kulturgeschichtlich wichtigere Pflanze, die seit Urzeiten den Menschen ein vertrauter Begleiter war, die Große Brennnessel. Ihr Artname *dioica* bedeutet in der botanischen Begrifflichkeit ›zweihäusig‹ (ein Kunstwort, gebildet aus der griechischen Vorsilbe *di-* für ›zwei, zweifach‹ und *oikos* = ›Haus‹), das heißt: Die männlichen und die weiblichen Blüten ›hausen‹ auf verschiedenen Pflanzen der Art.

Man kann die männlichen und die weiblichen Blüten leicht unterscheiden: Beide geben sich auf den ersten Blick zwar als unscheinbare, grünlich-gelbliche Knöpfchen, aber die männlichen stehen aufrecht an kleinen, verzweigten Austrieben, die aus den Blattachseln entspringen. Die weiblichen Blüten dagegen hängen an dicht besetzten Büscheln von Trauben, die an günstigen Standorten die oberen Abschnitte des Stängels regelrecht einhüllen können.

Die Große Brennnessel wird als Windbestäuber bezeichnet: Stärkere Luftbewegungen tragen zu bestimmten Zeitpunkten die Pollen von den männlichen Pflanzen zu den weiblichen Blüten. Dabei setzt die Nessel eine raffinierte vegetative Konstruktion ein: Die Pollen sind zunächst eingeschlossen in eine Art von winzigen Kapseln, die entwicklungsgeschichtlich aus den Staubblättern der männlichen Blüten gebildet werden. Diese umgeformten Staubblättchen stehen, solange die ›Kapsel‹ geschlossen ist, unter sehr hoher Spannung. Sind die männlichen Blüten ausgereift, explodieren diese Kapseln in einer unglaublich schnellen Bewegung der einhüllenden Staubblättchen – bei vergleichbar entwickelten Pflanzen hat man fast die halbe Schallgeschwindigkeit bei dieser Öffnung der Pollenbehälter gemessen, angeblich die schnellste Bewegung im gesamten Pflanzenreich.

Wenn man Glück hat, sieht man die Folgen dieser Explosion, die an vielen männlichen Blüten gleichzeitig stattfindet: Wolken von mikroskopisch kleinen Pollen, die schon eine schwa-

Geschlechtsorgane eines Windbestäubers – an der Pflanze die weiblichen Blüten; oben rechts und links geschlossene und offene männliche Blüten; rechts unten (Ausschnitt) die Früchte an der weiblichen Pflanze.

che Brise über die Nesselbestände hinwegträgt. Die weiblichen Blüten fangen die Pollen mit der einem Pinsel ähnlichen Ausformung der Narbe, ihrem Geschlechtsorgan, ein. Nach der Befruchtung werden dann die Samen ausgebildet, jene knapp stecknadelkopfgroßen Nüsschen, die schließlich dicht an dicht in Trauben an den weiblichen Nesselpflanzen hängen.

Ebenso faszinierend wie die Konstruktion der Blüten nimmt sich die der Brennhaare aus. Unter dem Mikroskop zeigt sich, dass sie aus einer einzigen, spitz zipfligen Zelle bestehen, die gut einen Millimeter lang werden kann. Ihre Wände sind durch Einlagerung von Kieselsäure versteift, und sie sitzen an Blatt oder Stängel einem Sockel aus sehr viel kleineren Zellen der Nesseloberfläche auf. In dieser steil aufgerichteten Zelle wird jene Flüssigkeit gebildet, deren Wirkung man schmerzhaft spüren kann. Die Spitze der zahllosen Brennhaare ist zu einem winzigen Köpfchen ausgeformt, dessen Basis eine Sollbruchstelle bildet: Bei der leisesten Berührung bricht das Köpfchen ab, und es entsteht eine sehr scharfe Injektionsnadel. Sie dringt mit Leichtigkeit in die obersten Zellschichten der menschlichen Haut ein und setzt das Nesselgift frei, das jenes Brennen, im schlimmsten Fall sogar heftige allergische Reaktionen verursachen kann.

Wie das Nesselgift chemisch genau zusammengesetzt ist, hat die Forschung immer noch nicht völlig klären können. Früher nahm man an, Ameisensäure sei der wirksamste Bestandteil dieser bereits in kleinsten Mengen hochwirksamen Flüssigkeit – es reicht schon weit weniger als das Tausendstel eines Milligramms. Inzwischen weiß man, dass Histamin und Acetylcholin in der Giftmischung enthalten sind, über andere

Bestandteile lassen sich noch keine endgültigen Aussagen machen.[10] Ob die Zellbasis der Brennhaare womöglich durch eine plötzliche Verformung das Gift in der Tat injiziert, wie Forscher behaupten, steht ebenfalls noch nicht fest.

Es ist auch nicht genau ermittelt, wie die Raupen der vielen Schmetterlingsarten, die von den Brennnesseln leben, mit den Brennhaaren umgehen, wenn sie die Nesselblätter verspeisen. Ich bin mehrfach auf die Behauptung gestoßen, die Raupen gingen, wenn sie über die Blattoberfläche kriechen, die aufgerichteten, verkieselten Zellen mit dem Nesselgift seitlich an, sodass sie das Köpfchen, aus dem die Flüssigkeit bei Berührung austritt, gar nicht abbrechen. Sie fräßen dann um die Brennhaare herum. Wie man sich das vorstellen soll, wenn zugleich feststeht, dass manche Raupenarten sich die Blätter fast vollständig einverleiben und nur die harten Rippen stehen lassen, bleibt schleierhaft. Sind sie vielleicht immun gegen den Giftcocktail in den Härchen? Oder aber brechen die Raupen die empfindlichen Giftzellen gewissermaßen im Vorbeigehen ab, mit den langen Haaren oder den dornartigen Auswüchsen, die viele Arten besitzen? Dann käme der Raupenleib selbst mit dem brennenden Saft gar nicht in Berührung. Und ob sie die harten, auf einer verdickten Basis aufgestellten Brennhaare mitverspeisen oder nur wegbeißen, wäre unerheblich.

Auf einer Internetseite des Bundesamtes für Naturschutz wird festgehalten: 36 Tagfalter, Eulenfalter (Nachtfalter) und Spinner sind von Brennnesseln abhängig. Bei einigen Arten können sich die Raupen nur von Brennnesselblättern ernähren, sie sind monophag: Kleiner Fuchs (*Aglais urticae*); Landkärtchen (*Araschnia levana*), Tagpfauenauge (*Inachis io*); Ad-

Kleiner Fuchs mit Kleiner Brennnessel, *Sibylla Maria Merians*
Der Raupen wunderbare Verwandlung und sonderbare Blumennahrung
aus dem Jahr 1679.

miral (*Vanessa atalanta*); Brennnessel-Zünslereule (*Hypena obesalis*); Silbergraue Nessel-Höckereule (*Abrostola tripartita*); Dunkelgraue Nessel-Höckereule (*Abrostola triplasia*). Weitere 29 Arten, die meisten von ihnen Nachtfalter, sind nicht ausschließlich auf Brennnesseln angewiesen, ihre Raupen fressen auch von anderen Futterpflanzen.

Dass die Brennnessel eine heftige Schmerzempfindung erzeugt, wenn man sie mit der bloßen Haut auch nur streift, hat ihr zu dem einen Teil ihres Namens verholfen. Der andere Teil geht auf eine Beschaffenheit des Gewächses zurück, die eine ebenso elementare, von Anfang an für den Umgang mit der Nessel maßgebliche Erfahrung ergab: In dem neuhochdeutschen Wort ›Nessel‹ ist noch der Verbalstamm **ned-* aus den Urzeiten der indogermanischen Sprachentwicklung enthalten. In vielen west- und nordgermanischen Sprachen wird er noch deutlicher fassbar: *nettle* (englisch), *nätla* (schwedisch), *netla* (norwegisch) – das altsächsische *netila* beweist, dass es sich um eine Verkleinerungsform der germanischen Ursprungsbezeichnung **naton* handelt, wie sie noch in *nata* (gotländisch) oder *nota* (faröisch) zu erkennen ist. Der indogermanische Stamm **ned-* aber enthielt die Bedeutung ›knüpfen, zusammendrehen‹. Sie ist heute noch in den Wortgruppen um ›Netz‹ und ›nesteln‹ (vergleiche süddeutsch ›Schuhnestel‹ für Schnürsenkel) greifbar, die direkt mit ›Nessel‹ verwandt sind. Und auch ›Knoten‹ (lateinisch *nodus*) geht auf die gleiche Wurzel zurück.[11]

Das heißt: Die Brennnessel war für die Menschen von Beginn ihrer sprachlichen Bezeichnung an mit dem Zusammendrehen und Verknüpfen ihrer Bastfasern verbunden. Über Jahrtausende ist es aber sehr mühsam gewesen, aus dem Stängel der Brennnessel die Bastfasern herauszulösen, denn anders als beispielsweise beim Lein ziehen sich diese Fasern nicht in Bündeln durch das Stängelgewebe, sondern sie sind einzeln oder in losen Gruppen in das zum guten Teil holzige, stabile Stängelgerüst eingebacken. Dieses verholzte Gerüst verleiht der Brennnessel ihre hohe Stabilität, die Bastfasern geben ihr Elastizität und starke Reißfestigkeit. Bricht man einen Nesselstängel, lässt er sich immer noch nicht ohne Weiteres in Stücke reißen: An den Bruchstellen treten einige Bastfasern zutage, die der Zugkraft lange widerstehen.

Wir wissen nicht, wie die Menschen der Frühzeit die Bastfasern aus den Stängeln gelöst haben, um sie dann zu verdrillen. Vermutlich haben sie das geschnittene Kraut auch damals ›auf Rotte‹ gelegt, es also anrotten lassen, bis das Stängelgewebe sich auflöste. Diese Phase muss genau bemessen sein, damit der Zersetzungsprozess, bei dem Bakterien eine entscheidende Rolle spielen, nicht zu weit fortschreitet. Auf die Rotte (das ›Rösten‹) müssen Trocknen, Brechen und Hecheln gefolgt sein.

Dieser hohe Aufwand hat sich über sehr lange Zeiten gelohnt, die Bastfaser der Nessel ist geschmeidig, relativ lang (50 bis 75 Millimeter) und sehr reißfest. Die Wildpflanze enthält allerdings, etwa im Vergleich zu Lein oder Hanf, proportional zur Stängelmasse relativ wenig Faseranteil. Erst vor etwa 150 Jahren nahm man die in der Faser enthaltenen Herausforderungen für eine wirtschaftlich und kulturell aufgewertete Nutzung der Brennnessel an.

Mit einem Sud aus den Blättern und Wurzeln kann man zudem Garne und Stoffe färben, vor allem Wolle. Man muss die Wolle zunächst in einer Alaunlösung beizen, damit sie die gelbe bis gelbgrüne Farbe annimmt. Eine Vorbeize mit Kupfer und eine Nachbeize mit Kupfer und anschließendem Ammoniakbad ergeben einen graugrünen Ton. Pflanzenfarben kommen im anspruchsvollen, nachhaltig ausgerichteten Textil-Design wieder in Mode. Weil es aber sehr viele Pflanzen gibt, aus denen ein gelber oder grüner Farbton erzielt werden kann, hat die Brennnessel dabei, obgleich eine uralte Färbepflanze, wenig Chancen auf eine neue Karriere.

Das edle Tuch

So, mutmaßten die Forscherinnen und Forscher, die sich im dänischen Labor über die Fundstücke gebeugt hatten, könnte es sich zugetragen haben: Ein bedeutender regionaler Häuptling, vielleicht ein Fürst auf der Insel Fünen, war vor ungefähr 2 800 Jahren zu einer Reise in den Süden aufgebrochen. Sicher hatte er ein großes Gefolge, man war zu Pferd, führte aber auch viele Packpferde mit, denn es ging um Tauschgeschäfte größeren Umfangs, um Fernhandel.

Der mächtige Mann kontrollierte in seinem dänischen Einflussbereich den Handel mit Bronzebarren und Bronzegegenständen, vielleicht auch mit Kupfer- und Zinnbarren und hatte damit die Geschäfte mit dem wichtigsten Werkstoff seiner Zeit in der Hand. Kupfererz wurde zum Beispiel jenseits der Nordsee, in den großen Gruben von Wales abgebaut, aber man konnte gutes Kupfer auch auf dem Landweg beschaffen: Es wurde im südöstlichen Teil der Alpen gewonnen, im Gebiet Tirols, des Salzburger Landes, Kärntens und der Steiermark. Zinn wurde von Gruben in Cornwall aus bis in den Mittelmeerraum gehandelt, aber es gab auch Zinnfunde in Böhmen und vor allem in Kleinasien.

Der dänische Fürst und Handelsherr muss den langen, streckenweise mühseligen und gefährlichen Weg von Fünen bis in die Alpentäler gekannt haben. Vielleicht tauschte er nicht nur Metall, sondern auch Stoffe ein: Die Region der südöstlichen

Alpenausläufer war ein bedeutendes Anbaugebiet für Hanf und insbesondere Lein, die Fasern wurden vor Ort verwebt.

Die Dänen besaßen ein sehr begehrtes Tauschgut: das Gold des Nordens, den Bernstein, um dessentwillen man in der griechischen und römischen Antike Expeditionen zu Wasser und zu Land in den Norden schickte. Vielleicht ist die Sage von der *Fahrt der Argonauten* der mythische Bericht von solch einer abenteuerlichen Handelsexpedition.[12]

Der Weg aus den skandinavischen Gefilden durch Mitteleuropa und über Alpenpässe bis ins Kerngebiet des Erzabbaus und der Verhüttung war weit über 1000 Kilometer lang. Der Tross muss mindestens fünf, sechs oder sogar sieben Wochen unterwegs gewesen sein, aber er erreichte schließlich sein Ziel.

Dann geschah es: Der mächtige Fürst und Handelsherr kam zu Tode. Sein Leichnam wurde fern seiner Heimatregion verbrannt. Asche und restliche Knochen wickelte man in ein kostbares Tuch und verschloss die Überreste in einer Bronzeurne.[13] In der Heimat auf Fünen errichtete seine Gefolgschaft ein Hügelgrab über der Urne und den reichen Beigaben – Waffen, Schmuck, Trinkgefäße, ein Wagen für den Weg ins Jenseits – von über 35 Metern Durchmesser und 8 Metern Höhe. Dafür war die Grasnarbe von etwa 7 Hektar Land nötig, sie wurde in Tragen herangeschafft. 3200 Arbeitsstunden musste man dafür aufwenden, behaupten die Archäologen.

Der an den Altertumswissenschaften interessierte dänische König Frederik VII. ließ 1861 eine Grabung im Hügel ausführen. Damals wurden die Bronzeurne und viele der Beigaben geborgen. 1973 bis 1975 fand eine neue Grabung statt, die viele weitere Fundstücke zu Tage brachte.

Aber erst 2012 fingen die Fundstücke aus dem Hügelgrab von Voldtofte an, die wahrscheinlichste der möglichen Geschichten zu erzählen.

Dass die Bronzeurne ziemlich sicher aus den östlichen Alpen, vermutlich aus der Kärntner Region stammt, wusste man schon lange. Form und Verzierungen legen es nahe. Sie erlauben auch, die Zeit der Herstellung auf 900 bis 700 vor Christi Geburt einzugrenzen. Bestätigt haben es jetzt die metallurgischen Analysen – die Bronzelegierung ist in den Ostalpen aus örtlich gewonnenem Rohmetall hergestellt worden, die aus der äußeren Erscheinung erschlossene Herkunft kann als gesichert gelten. Dass wertvolle Gefäße, Gerätschaften, Schmuckstücke im Fernhandel durch fast ganz Europa transportiert wurden, ist nicht erst für die Bronzezeit durch viele Funde belegt. Die Urne könnte also einfach ein teurer Importgegenstand gewesen sein, ausgewählt für die Feuerbestattung eines mächtigen Mannes.

Nach der ersten Grabung nahm man ganz selbstverständlich an, dass jenes Tuch, in das die restlichen Knochen nach der Verbrennung eingeschlagen worden waren, aus Flachsfasern gewebt war – Lein wurde in der Jüngeren Bronzezeit in dänischen Regionen angebaut, aus den Fasern stellte man Seile und vielerlei Garne her, die zu den unterschiedlichsten Stoffen verwebt wurden, vom groben Tuch für Segel oder Säcke bis zu feinen Leinenstoffen. Die Bruchstücke des Tuchs aus dem Grabhügel Lysehøj zeigen ein für die Zeit feines, regelmäßiges Gewebe mit rund 16 Fäden pro Zentimeter in beiden Webrichtungen.

Die neue Untersuchung einiger winziger Proben von den Überresten des Grablegungstuchs reichte allerdings aus, damit nicht nur die Erzählung vom Schicksal des Mannes, sondern auch die Geschichte der Stoffherstellung zumindest in der Bronzezeit und auch die Geschichte der Handelsbeziehungen jener Zeit in Teilen neu geschrieben werden muss: Das Gewebe besteht nämlich aus Nesselgarn.

Die Strontium-Isotopen-Analyse ergab, dass der Nesselstoff nicht aus Dänemark stammen konnte, sein Strontium-Gehalt wies unter anderem ins südliche Europa. Außerdem bestimmte man mit der Radiokarbonmethode das Alter des Nesselgewebes, es muss zwischen 940 und 750 vor Christi Geburt hergestellt worden sein.[14]

Also haben Urne und Nesselstoff ihren Ursprung in der gleichen Region und dem gleichen Zeitraum. Die Forscher in Kopenhagen zogen den Schluss, Stoffe in Europa seien damals keineswegs nur regional erzeugte und verwendete Produkte gewesen, wie man bislang meinte, sondern in den Fernhandel einbezogen worden.

Bislang nahm man an, dass nur noch Garne aus Fasern von Kulturpflanzen wie dem in vielen Gegenden angebauten Lein oder dem Hanf gesponnen und zu Stoffen verwebt wurden, nachdem Ackerbau und Viehzucht bis ins nördliche Europa zur Lebensgrundlage geworden waren. Jetzt müssen wir uns eingestehen, dass auch nach der Neolithischen Revolution – die sich über Jahrtausende hingezogen und Mitteleuropa erst vergleichsweise spät erreicht hat – Stoffe aus Nesselfasern verfertigt wurden, aus der mühsamen Verwertung eines wilden Krauts, das man sammeln musste.

Die Erklärung dafür findet sich in den Eigenschaften der Nesselfasern und in der Qualität des Nesselstoffs. Die Fasern der Großen Brennnessel haben eine hohe Zugfestigkeit – man stellte auch Taue und Fischernetze, später Zelte und Segel aus ihnen her. Zugleich sind die cremefarbigen, feinen Nesselfasern weich und gut zu verspinnen.[15] Es kann ein edles, geschmeidiges Tuch aus den Nesselgarnen gewebt werden, das einen seidigen Glanz besitzt – es wird mit Rohseide verglichen und war etwas Wertvolles, das sich nicht jeder leisten konnte. Dass Nesseltuch sicherlich auch in der Bronzezeit teuer war, ergibt sich nicht nur aus dem edlen Charakter des Gewebes, der Wert folgt auch aus dem sehr hohen Arbeitsaufwand. Es war wahrscheinlich auch nur in kleineren Mengen vorhanden. Die Geschichte des reichen, mächtigen Mannes von Fünen bezeugt auch: Echtes Nesseltuch konnte als Stoff der Könige gelten. Und davon erzählen denn auch, unter anderem, die Märchen.

Die Ramie (Boehmeria nivea), *die ›Indische Nessel‹, Lieferantin feinster Fasern für modische Stoffe, gemalt vom unvergleichlichen Pflanzenmaler Georg Dionys Ehret (1703–1770).*

Der verdrängte Nesselstoff

Textil-Archäologinnen haben winzige Reste von Nesseltuch inzwischen in anderen Grabfunden als nur in jenem bronzezeitlichen Grab identifiziert.[16] Sie vermuten, dass bei genaueren Analysen sich noch so mancher Stoff, dessen Reste man in frühen Grablegungen entdeckt hat, als Nesseltuch und nicht, wie man leichthin angenommen hat, als Leinen- oder Hanfgewebe erweisen würde.

Aber der Stellenwert und der Gebrauch des Nesselstoffs müssen sich im Lauf der Jahrhunderte verändert haben, wahrscheinlich schon im hohen Mittelalter. Die archäologischen Funde von Nesselgarn, Nesselseilen, Nesselnetzen, Nesselgewebe sind so extrem rar, dass ihr Nachweis wie ein kurzes Aufleuchten in dem geschichtlichen Dunkel erscheint.

Was wir vermuten dürfen: Vor allem in den bäuerlichen Gesellschaften Mittel- und Nordeuropas sind Nesselstoffe über sehr lange Zeiträume bis in die Phasen der beginnenden Industrialisierung in Heimarbeit verfertigt worden, wie bei der Leinen- oder Wollstoff-Erzeugung auch. Doch anders als bei Lein oder Hanf blieb die Brennnessel eine Wildpflanze, wurde nicht in Kultur genommen. Von einem überregionalen Handel aber wissen wir nichts. Der einst wertvolle und hochgeschätzte Stoff wurde, je mehr sich Tuchherstellung und Tuchhandel in ein allmählich kapitalisiertes, überregional organisiertes Warengeschäft verwandelten, zu einem marktwirtschaftlich uninteressanten Gebrauchszeug, der Statuswert, den er einmal gehabt haben mag, sank dahin, und die Kleidung, die man aus Nesseltuch schneiderte, verschwand mehr und mehr. Woran lag das?

Der Umgang mit Nesselgarn und Nesselstoff hat bis in die Neuzeit zum Alltag gehört, Kleidung aus Nesselstoff war etwas Gewöhnliches. Die frühesten Angaben aus sicherer schriftlicher Quelle liegen erst aus dem Hohen Mittelalter vor. Der russisch-orthodoxe Geistliche Nestorius (1056–1116) bemerkte in seinen *Annalen,* dass Nesseltuch unter anderem für Segel und Taue, aber auch für Gewänder verwendet wurde.[17] Und der berühmte Kölner Theologe Albertus Magnus (ca. 1200–1280) schrieb in seinem Buch *Von den Pflanzen* (*De vegetabilibus*): »Die Brennnessel hat aber zwei Hüllen [des Stängels], eine innere und eine äußere, und sie sind es, die man verarbeitet, wie beim Lein oder beim Hanf. Der innere Teil ist holzig, er muss zerstört werden, er kann nicht für das Spinnen von Garn verwendet werden. Aber ein Kleidungsstück aus Nessel[garn] verursacht ein Jucken, was ein Kleidungsstück aus Lein oder Hanf nicht tut.«[18]

Dieses kurze Textstück bestätigt zum einen die schon damals uralte Praxis, aus wilden Brennnesseln Bastfasern zu gewinnen, die wie Flachs und Hanffasern zu Stoffen verarbeitet wurden. Angedeutet wird auch, dass Nesselfasern im Vergleich mit Flachs und Hanf mehr Arbeitsaufwand erfordern, um sie aus dem Stängel herauszulösen. Zum anderen benennt Albertus Magnus das Kleidungsstück aus Nesselstoff mit dem Wort ›*pannus*‹, es bezeichnet einfache, ja sogar ärmliche Kleidung: Weil das Gewebe sehr haltbar ist und viel Feuchtigkeit aufnehmen kann, weil es zudem weich und geschmeidig ist, verwendete man es vor allem für die Unterkleidung. Indirekt geht das ja aus der Bemerkung des Albertus Magnus hervor – nur was man auf der Haut trägt, könnte auch jucken. So finden denn auch Kleidungsstücke aus Nessel in den Kleiderordnungen, die seit den Zeiten Karls des Großen die für die verschiedenen Stände erlaubten Stoffe, Farben, Schnitte, Applikationen festlegten, so gut wie nie eine Erwähnung. Nesselstoff war zumeist einfach gewebt und blieb ungefärbt. Importierte, aufwändig gewebte, teuer gefärbte und raffiniert geschnittene feine Woll-, Leinen- und Seidengewebe trug man, je nach Stand, dagegen über dem Unterkleid, das oft aus heimischem Nesselstoff bestanden haben muss.

So konnte der auch als Ordensmann und Universitätsgelehrter sicher vornehm gekleidete Albertus Magnus das Nesselhemd mit einem abwertenden Ausdruck belegen – es gehörte, gerade aufgrund seiner Qualitäten, zu den einfachsten Kleidungsstücken. Der Stoff besaß Eigenschaften, die ihn fast der Seide gleichstellten – weich, kühlend, Feuchtigkeit absorbierend, mit einem sanften Glanz –, aber als schlicht gehaltenes Gewebe vorrangig aus einheimischer Produktion erbrachte er nicht die Distinktionsgewinne, die man mit teuren, importierten, modischen Stoffen erzielen konnte.

So erhielt, was man vielleicht als angenehme und nützliche Selbstverständlichkeit unter den sichtbaren Kleidungsstücken trug, das Etikett des Einfachen, ja Ärmlichen.

Es kommt aber ein zweiter, wichtigerer Grund für die Abwertung des Nesselstoffs hinzu. Albertus behauptet ja auch, Kleidung aus Nesselstoff verursache ein Jucken. Das stimmt mit den faktischen Qualitäten von gutem Nesselgewebe überhaupt nicht überein. Man könnte unterstellen, der Theologe habe vielleicht doch keine eigene Erfahrung mit Kleidung aus Nesselstoffen besessen und die irrige Annahme als Tatsache ausgegeben, weil die lebendige Nesselpflanze ein Brennen auf der Haut erzeugt, jucke auch der Stoff aus Nesselgarn noch. Jahrhunderte später machte ja diese Vorstellung große Karriere.

Eine ganz andere Erklärung aber liegt näher: Wenn die Bastfasern aus Nesselstängeln nicht sehr sorgfältig aufbereitet und gereinigt werden, bleiben winzige holzige Teilchen hängen.

Albertus Magnus hat also sicher von Nesselgewebe aus schlechtem, nicht gut genug aufbereitetem Garn geschrieben. Es ist zu vermuten, dass Nesselfasern, die in bäuerlicher Heimarbeit oder in kleinen Handwerksbetrieben gewonnen wurden, häufig noch mit den winzigen Partikeln der holzigen Stängelteile versehen waren. Auch das Spinnen beseitigt diese nicht. Die Stoffe aus dem verunreinigten Garn konnten dann in der Tat jucken.

Wir werden also, vielleicht von Beginn an, zwischen zwei Qualitäten des echten Nesselstoffs zu unterscheiden haben: Zum einen haben wir hinreichend Funde, die bestätigen, dass Stoffe aus gut aufbereiteten Fasern seit alten Zeiten als ein ausgesprochen edles Tuch galten. Kleidung aus diesem Gewebe gehörte vor allem in die Sphäre der Reichen und Vornehmen. Erst ziemlich spät wurde es von der vermehrt importierten Seide und sehr feinen Woll- und Leinenstoffen verdrängt, endgültig vermutlich im späten Mittelalter.

Zum anderen gab es – dafür liefert Albertus Magnus einen entscheidenden Beleg – offenbar ein minderwertiges Nesseltuch für Menschen, die sich das bessere Tuch nicht leisten konnten. Wenn man später vom Nesselstoff als dem ›Leinen der armen Leute‹ gesprochen hat, bezog man sich – vielleicht ohne Genaueres zu wissen – auf verunreinigtes Gewebe, mit dem die Ärmeren vorliebnehmen mussten.

Kleidung aus solchem Tuch trug man vor allem auf der Haut: Dem Nesselstoff konnte der Gelehrte im Hohen Mittelalter ganz allgemein nachsagen, er sei etwas für die Unterkleider der schlechter Gestellten.

Es finden sich aus etwas späterer Zeit Hinweise darauf, dass sichtbare Kleidung aus Nesselstoff eine regelrecht erniedrigende Wirkung haben konnte. Jeanne d'Arc soll, als sie schließlich 1431 vom Inquisitionsgericht zum Tode verurteilt worden war, in ein Nesselhemd gekleidet auf dem Schinderkarren zum Scheiterhaufen gefahren worden sein. Das heißt: Sie wurde in einem sonst verborgenen Untergewand als Verurteilte öffentlich zur Schau gestellt. Dies bedeutete eine äußerste Erniedrigung. Das Nesselhemd fungierte nicht als Büßerhemd, sondern als Zeichen dafür, dass die Verurteilte aus der Gemeinschaft der anständigen und gläubigen Menschen ausgestoßen war. Denn ein regelrechtes Büßerhemd war ganz anders beschaffen, es bestand aus einem groben, harten Gewebe – meistens aus Ziegenhaaren gefertigt –, das äußerst unangenehm zu tragen war.

Wenn man Angaben trauen darf, dass im Zuge der Hexenverfolgungen des 16. und vor allem 17. Jahrhunderts auch Frauen, denen man als Hexen den Prozess gemacht hatte, im Nesselgewand zur Hinrichtung geführt wurden, so bedeutete das, dass man der bürgerlichen Rechte buchstäblich entkleidet war, sogar des Rechts auf Leben und auf den Schutz in der sozialen Gemeinschaft.

Ein Nesselhemd ist kein Büßerhemd – Ingrid Bergman als Jeanne d'Arc *(Johanna von Orleans), 1948.*

Kleidungsstücke aus Nesselstoff blieben, abgesehen von ihrer spektakulären Indienstnahme für die Bloßstellung von Delinquenten, auch sprachlich im Verborgenen. Sie wurden über Jahrhunderte hin vor allem in bäuerlichen Regionen und oft in Heimarbeit verfertigt, noch im 18. Jahrhundert gab es aber in Deutschland zumindest in Leipzig eine Manufaktur, die Nesselstoffe herstellte.[19] Aus diesen Stoffen aus Fasern der heimischen Brennnessel schneiderte man auch Bettwäsche, Hand- und Wickeltücher.[20]

In dieser Zeit verlor der Begriff Nessel an Schärfe, mehr und mehr wurden verschiedenartige Gewebe mit ihm bezeichnet. Da ist zunächst Stoff aus den Fasern einer asiatischen Verwandten der Großen Brennnessel, der mehrjährigen Ramie (*Boehmeria nivea*). Ihre Geschichte als Nutzpflanze reicht ähnlich weit zurück in die Vorzeit wie bei dem brennenden, in unseren Gefilden heimischen Kraut. Die Forscher haben Ramiefasern in den Binden gefunden, in die altägyptische Mumien gewickelt wurden, die ältesten Funde datieren annähernd 5000 Jahre zurück. Und belegt ist, dass Ramie in China seit mindestens 3000 Jahren angebaut wurde, um aus den Stängeln Fasern für Garne, Seile, Stoffe zu gewinnen.

Die Blätter und verzweigten Stiele der Ramie sind zwar behaart, ähnlich wie bei den Brennnesseln, aber die Pflanze produziert keine die Haut reizenden Giftstoffe. Die verwertbaren Fasern machen bis zu 15 Prozent der Stängelmasse aus. Sie aus den verholzten Stängeln zu lösen, bereitet vergleichbare technische Schwierigkeiten wie bei den Brennnesselfasern, bis heute lässt sich der Prozess nicht vollständig maschinell und automatisiert abwickeln.

Ramiefasern sind reinweiß, geschmeidig und besitzen eine relativ hohe Zugfestigkeit. Fein gewebte Stoffe aus Ramie sind leicht, glatt und schimmern seidig. Ältere Texte nennen Ramiestoffe deshalb immer wieder in einem Atem mit Seide, Damast und anderen edlen, teuren Geweben. Weil aber die eleganten, modischen Stoffe aus Ramie schon früh schlicht als Nessel bezeichnet wurden – was, botanisch betrachtet, ja nicht ganz verkehrt ist –, muss man versuchen, gewissermaßen aus Nebenbemerkungen zu erschließen, ob eine Erwähnung sich auf den echten Nesselstoff aus den Fasern der Großen Brennnessel bezieht oder auf Ramiestoffe.

Einen Hinweis liefern Bemerkungen zur Haltbarkeit des Stoffs. Genuine Nesselgewebe haben sich als ziemlich strapazierfähig erwiesen, mindestens so beständig wie Leinen. Die fein gewebten, oft zarten Stoffe aus Ramiefasern wurden zwar außerordentlich geschätzt, man sagte ihnen aber nach, dass sie nicht lange halten. Aus der Aufklärungszeit sind Texte überliefert, in denen Sittenwächter unter anderem gegen die zeitgenössische Mode wetterten, Chemisenkleider – sehr leichte, lang fallende, nur unter der Brust mit einem Band geschnürte, oft mit tiefem Dekolletee versehene Gewänder – aus »durchsichtigem Nesselstoff« zu tragen.[21] Solche üppig verwendeten Nesselstoffe, wie ebenso die überbordende, modische Gewandung in Seide, Musselin, Batist, wurden als schierer Luxus gebrandmarkt, der das Budget der Familie ruiniere und den Mädchen eine falsche Vorstellung von einer angemessenen Kleidung eingebe.

Der verdammenswerte Luxus, heißt es, erweise sich auch darin, dass die extravaganten Kleider aus Nesselstoff »selten

Madame Bonaparte im fast durchsichtigen Chemisenkleid aus feinstem Ramie-Stoff, gemalt von François Gérard, 1801.

mehr als ein oder zwei Tanz-Abende überdauern«.[22] Diese Vorhaltung legt nahe, dass der inkriminierte Nesselstoff nur das leichte, unter anderem zu einer zarten Gaze verwebte Ramienessel gewesen sein kann.

Zumindest das Garn für solches Nessel musste, wie Seide, als teures Luxusgut aus Asien importiert werden, und das ist offenbar in steigendem Umfang seit dem 17. Jahrhundert geschehen.

So werden im 18. Jahrhundert in verschiedenen Dokumenten – Lexikonartikeln, Geschäftsberichten, Zeitungsannoncen, landeskundlichen Büchern und anderem – immer wieder der Fernhandel mit ›Nesselstoff‹, die Einfuhren aus dem Fernen Osten, die Verarbeitung von Nesselgarn in europäischen Manufakturen in Frankreich, Holland, Deutschland erwähnt, und gelegentlich wird einfach von ›Indischem Nesselstoff‹ gesprochen.[23] Und wenn heute teure Kleidung aus ›Nesselstoff‹ angeboten wird, kann man ziemlich sicher sein, dass die Tuche aus Ramiegarn gewebt sind.

Wenn auch das feine Ramietuch den genuinen Nesselstoff nicht nur aus dem profitablen Textilhandel und aus der Verwendung für die modische Kleidung in den Hintergrund gedrängt, sondern auch den Begriff Nessel weitgehend besetzt hatte, so gibt es doch hinreichend Belege und Nachrichten dafür, dass Stoffe aus den Fasern der Großen Brennnessel weiterhin verfertigt und zumindest in ländlichen Regionen Europas zu Kleidungsstücken verarbeitet wurden.

Die Brennnessel ist in den gemäßigten Zonen ein Kosmopolit. Deshalb erstaunt es nicht, dass sich Berichte aus Sibirien wie von der nordamerikanischen Westküste, aus Kamtschatka wie aus Ungarn finden, die bezeugen, wie zumindest bis weit ins 19. Jahrhundert hinein Fasern des wilden Krauts versponnen und zu Kleiderstoffen verwebt wurden. In den entwickelten Regionen Europas wurden über Jahrhunderte echter Nesselstoff und Ramietuch nebeneinander verwendet, begrifflich aber oft nicht unterschieden.

Schriftliche Quellen, in denen Nesselstoff erwähnt wird, muss man also seit der Aufklärungszeit daraufhin befragen, von welchem Nessel denn die Rede ist, von dem ohne Aufhebens im Alltag verwendeten Tuch aus Fasern der heimischen Großen Brennnessel oder von den teuren, eher den Vermögenden vorbehaltenen und modisch akzentuierenden Ramiestoffen. Die Vermengung der Begriffe hält aber, auch aus marktstrategischen Gründen, bis heute an: Von Spezialgeschäften wird teurer, edler Nesselstoff angeboten, der sich bei näherer Betrachtung als ein Produkt aus Ramiefasern zeigt, und auch die »Mittelalter-Hemden«, die für zeitgeistige Nostalgiker als »echte Nesselhemden« angepriesen werden, dürften fast stets aus Ramiestoffen geschneidert sein.

Nun kam, vermutlich im späten 18. Jahrhundert, ein dritter Stoff hinzu, der unter der Bezeichnung Nessel hergestellt und vertrieben wurde – und wird: ein einfaches, ungefärbtes und ursprünglich auch ungebleichtes Baumwollgewebe in so genannter Leinwandbindung. Bei dieser Art des Webens wird der waagerechte Faden (›Schuss‹) abwechselnd unter und über den senkrechten Fäden (›Kette‹) hindurchgeführt, es entsteht also in jeder Richtung ein regelmäßiger Wechsel der Fäden. Baumwoll-Nessel wird in drei Qualitäten gefertigt, unterschieden nach der Zahl der Fäden pro Zentimeter; Kattun heißt die feinste Qualität mit etwa 29 Fäden auf den Zentimeter.

Dass auch der schlichteste und billigste Baumwollstoff ›Nessel‹ genannt wurde, geht darauf zurück, dass mit der Leinwandbindung die einfachste Webart angewendet wird und dass

Die Nilgiri- oder Himalaya-Nessel (Girardinia diversifolia), *eine weitere Fasernessel für seidige, teure Stoffe.*

der Stoff ungefärbt bleibt. Mit diesen Eigenschaften gleicht er dem echten Nesselstoff, der für Unterkleidung, Bettzeug und Tücher verwendet wurde.

Nachdem die Spinnmaschinen und die mechanischen Webstühle erfunden worden waren, durch die Baumwollfasern in großen Mengen verarbeitet werden konnten, ließen sich die Baumwollstoffe schnell und billig herstellen, auch die Leinenproduktion ging rapide zurück, und Fasern, die nur mit einem hohen Aufwand gewonnen werden konnten wie die aus der Großen Brennnessel, verloren jede Chance auf dem Markt.

Inzwischen ist bei uns in besonderen Textilgeschäften ein viertes Gewebe zu haben, das den Namen Nessel trägt. Es besteht aus den versponnenen Fasern einer weiteren Brennnesselverwandten, der Nilgiri- oder Himalaya-Nessel (*Girardinia diversifolia*). Die bis zu drei Meter hohe Pflanze, die auch Brennhaare besitzt, wächst wild in höheren Lagen Indiens und Nepals und wird dort traditionell für die Herstellung feiner Stoffe genutzt. Diese seidigen Nesselstoffe werden nach wie vor in Handarbeit hergestellt und müssen als reines Luxusgut gelten.

Bereits mit der Frühphase der europäischen Industrialisierung in den ersten Jahrzehnten des 19. Jahrhunderts begann die Baumwolle, die billig zu importieren und an den Spinn- und Webmaschinen leicht zu verarbeiten war, Stoffe aus anderen Garnen vom Tuchmarkt zu verdrängen. Für die teuren Gewebe blieb ein beschränkter Markt der Oberschichten. Hanf und vor allem Nessel verschwanden ganz in die Nischen der Subsistenzwirtschaft.

Es schien also in der Mitte des 19. Jahrhunderts, als sei die jahrtausendelange Geschichte des echten Nesselstoffs an ein

Ende gekommen. Die Vorstellung, dass Nessel tatsächlich einen Stoff benenne, der sich dem wilden heimischen, gemiedenen Kraut verdankt, verflüchtigte sich mehr und mehr aus dem allgemeinen Bewusstsein. Brennnesseln, die seit langen Zeiten zu Kulturfolgern geworden waren, wurden gemeinhin nur noch als Inbegriff von Unkraut angesehen.

Aber genau zu jener Zeit begann, zunächst kaum bemerkt, tatsächlich ein neuer Abschnitt der Natur- und Kulturgeschichte der Großen Brennnessel: ihre Verwandlung vom wilden Kraut in eine gezüchtete Nutzpflanze. Wieder einmal war – und blieb für ein ganzes Jahrhundert – ›der Krieg der Vater der Dinge‹. Hatte sich schon Johann Gottlieb Fichte mit der verstärkten nationalistischen Gesinnung in Deutschland für die Wiedererweckung der einheimischen Faserpflanzen stark gemacht, so erzeugte dann der amerikanische Sezessionskrieg mit der auch in Europa heftig spürbaren Baumwollnot ein ernsthaftes Interesse an den verachteten und vergessenen Nesselfasern. Einzelne Enthusiasten versuchten sich am systematischen Anbau, an der Selektion und der Verarbeitung von Brennnesseln, wenig später wurden ›Nesselgesellschaften‹ gegründet, selbst in der *Gartenlaube,* der Vorläuferin unserer Illustrierten fürs breite Publikum, wurde die Zukunft des Faserlieferanten Brennnessel überschwänglich gepriesen.

Welche Kriegskonjunkturen und Friedensdepressionen die Bemühungen um die uralte Faserpflanze in der Folgezeit erfuhren, wie sperrig sich die Wildpflanze gegen ihre züchterische Indienstnahme zeigte, welche ideologischen und handgreiflichen Blüten die Propagierung der Nesselnutzung trieb, wie erst am Ende des 20. Jahrhunderts die vielversprechende

Die Zuchtnessel im Experiment. Im August werden auf dem Versuchsfeld des Instituts für angewandte Botanik in Hamburg die meterhohen Nesseln geerntet, die Garben in Hocken aufgestellt, ca. 1930.

»Zuchtnessel« geschaffen und ihre technische wie wirtschaftliche Erprobung eingeleitet wurde, lässt sich hier nicht erzählen. Diese Gesellschaftsgeschichte der Nesselverwandlung ist ein eigenes, großes Kapitel. Es führt bis in die Programmatiken von ›Nachhaltigkeit‹ und zu den avanciertesten Zukunftstechnologien, etwa beim Autobau, bei den ökologischen Verbundwerkstoffen, ja zu den Flügeln der Windrotoren im Zuge der so genannten Energiewende. Und es führt auch zur avantgardistischen Mode, bei der Kreationen aus echtem Nesselstoff gezeigt werden, und zu Visionen von Nesselkulturen, die zu vielfältigem verträglichem Wirtschaften beitragen.

Dass die Schaffung und Indienstnahme der Zuchtnessel der unausweichlichen Dialektik gehorcht, mit der jede Kultivierung von Naturwesen neue Abhängigkeiten von Arbeits- und Ressourceneinsatz erfordert, also die problematische Geschichte der zivilisatorischen Errungenschaften fortschreibt, gehört darüber hinaus zur Debatte über die Zukunft der Natur im Anthropozän.[24]

Das Nesselhemd als Symbol und Chimäre

In den von Jacob und Wilhelm Grimm aufgezeichneten und herausgegebenen Märchen finden sich drei, die sehr eng miteinander verwandt sind: *Die sieben Raben, Die sechs Schwäne* und *Die zwölf Brüder.* Um einen Zauber, der seinen Brüdern die menschliche Gestalt genommen und sie in Tiere verwandelt hat, wieder zu lösen, muss ein Mädchen die Brüder wiederfinden und dadurch den Bann brechen oder aber ein Schweigegelübde befolgen und über Jahre hin eine sehr schwierige Aufgabe bewältigen, mit deren Erfüllung es schließlich die Verzauberten erlösen kann.

Es gibt in anderen europäischen Sprachen überall Märchen, die den drei erwähnten ähnlich sind und in denen das Personal oder die Begebenheiten variieren. In einer größeren Zahl dieser verwandten Märchen ist das Schweigegebot für die Schwester der verzauberten Brüder mit der Aufgabe verbunden, Hemden aus Sternblumen oder auch aus Lilien oder Nesselgarn für die Verwunschenen zu stricken oder zu weben. Am letzten Tag der Schweigezeit müssen sie fertig sein und den Tieren übergeworfen werden, damit sie wieder zu Menschen werden.

Auch in Hans Christian Andersens berühmtem spätromantischem Kunstmärchen *Die wilden Schwäne,* für das er mehrere Volksmärchen benutzt hat, ist das Motiv der Nesselhemden breit ausgestaltet. Bei Andersen sind es elf Prinzen, für die das Mädchen Nesselhemden flechten muss. Die Schwester, die

Die verzauberten Prinzen werden, wie in H. C. Andersens Märchen Die Wilden Schwäne, *von ihrer Schwester erlöst. Unvollendetes Gemälde von Arthur Joseph Gaskin, 1928.*

während der Schweigezeit von einem König im Wald gefunden worden war und zu seiner Frau wurde, schweigt auch im Schloss und arbeitet weiter an den Hemden. Von ihrer Schwiegermutter verleumdet, wird sie schließlich zum Tod auf dem Scheiterhaufen verurteilt. Im letzten Augenblick, als die Flammen schon angezündet sind, fliegen die elf Schwäne heran, das Schweigegebot ist aufgehoben, den Vögeln werden die Nesselhemden übergeworfen, sie sind erlöst, und ihre Schwester wird gerettet. Nur der Jüngste behält einen Schwanenflügel, weil das letzte Hemd nicht fertig geworden war.

Die Fee, die dem Mädchen im Traum erscheint und ihm verrät, wie die Brüder ihre menschliche Gestalt für immer wiedergewinnen können, beschreibt die Schmerzen, die es bedeuten werde, die Nesselhemden herzustellen. Nicht nur würden die Nesseln, wenn sie gepflückt werden, unerträglich brennen, sondern auch das »Flechten« der mit den Füßen »gebrochenen« Stängel werde fortwährend Schmerzen bereiten.

> *Siehst du die Brennessel, die ich in meiner Hand halte? Von derselben Art wachsen viele rings um die Höhle, wo du schläfst, nur die dort und die, welche auf des Kirchhofs Gräbern wachsen, sind tauglich, merke dir das. Diese mußt du pflücken, obwohl sie deine Haut voll Blasen brennen werden. Brichst du diese Nesseln mit deinen Füßen, so erhältst du Flachs; aus diesem mußt du elf Panzerhemden mit langen Ärmeln flechten und binden; wirfst du sie über die elf Schwäne, so ist der Zauber gelöst.*[25]

Mehrfach sind die Qualen, die das Mädchen bei seiner Arbeit leiden muss, detailreich geschildert. Dadurch wird das Erlösungswerk fast zu einer Strafe – übrigens nicht nur körperlich, wie der ausfabulierte nächtliche Gang auf den Friedhof verdeutlicht, wo die Hexen sich an ausgegrabenen Leichen gütlich tun.

Mit den feinen Händen griff sie hinunter in die häßlichen Nesseln, sie waren wie Feuer; große Blasen brannten sie an ihren Händen und Armen, aber gern wollte sie es leiden, wenn sie die lieben Brüder befreien konnte. Sie brach jede Nessel mit ihren bloßen Füßen und flocht den grünen Flachs.[26]

Hinter dem oberflächlich realistischen Detail, dass die Nesseln fürchterlich brennen, wenn man sie mit bloßen Händen pflückt, verschwindet der sozusagen unausgesprochene Realismus, der in den motivgleichen Volksmärchen-Varianten vorkommt: Dort wird erzählt, dass das Mädchen Nesselgarn spinnen muss, nicht – wie bei Andersen – die bloß »gebrochenen« Stängel zu harten »Panzerhemden« zu flechten hat. Wie die Fasern aus den Pflanzen gewonnen werden, was das Mädchen mit seiner Tätigkeit im Einzelnen zu erdulden hat, beschäftigt im Volksmärchen nicht.

Die Wahrheit über das Herstellen von Nesselstoff ist aber in den genuinen Märchen auf der symbolischen Ebene verborgen: Dass es eine so entsetzlich lange Zeit braucht, um die Hemden fertigzustellen, verweist auf den enorm aufwändigen und langwierigen Prozess, in dem Nesselfasern gewonnen werden. Aber solcher Realismus des Märchens – im Wortlaut des Erzählten – ist ganz ins Symbolische überführt. Deswegen spielt in den Volksmärchen auch die Zahl der Jahre, die das Mädchen mit seiner schließlich erlösenden Arbeit zubringen muss, eine entscheidende Rolle, immer werden symbolische Zahlen angegeben – ein Jahr und ein Tag oder drei Jahre oder sieben. Und genau hier weicht bezeichnenderweise Hans Christian Andersen ab: In seinem Kunstmärchen bleibt die Dauer der quälenden Arbeit der Schwester offen.

Immer wieder wird erwähnt, dass die geflochtenen »Panzerhemden« sehr hart seien – als die verleumdete Königin im Gefängnis eingeschlossen wird, sollen die »harten, brennenden Panzerhemden ... ihre Decke sein«.[27] Es ist ein überzogener Konkretismus, der die Qualen der jungen Frau verstärken soll – zu Andersens Zeit weiß ein gewisser Teil des lesenden Publikums noch, wie weich und geschmeidig guter, echter Nesselstoff ist.

Es geht aber nicht um einen gewissermaßen missglückten Konkretismus in Andersens Märchen, sondern eigentlich um die Frage, weshalb die erlösenden Hemden aus Nesselstoff sind. Dass in manchen Volksmärchen statt Nesseln auch Blumen genannt werden, die verwoben werden sollen, zum Beispiel Lilien, weist auf den einen Grund: Die Nesselhemden werden gerade nicht als befremdliche und quälende, »harte und brennende« Kleidung gedacht, sondern als Gewänder, die Prinzen angemessen sind. Und der andere Grund ist im indirekten Verweis auf den symbolischen Wert enthalten, der aus der Dauer der Arbeit entsteht.

In Band I der *Sagen aus den Gegenden des Rheins und des Schwarzwaldes* (1829) findet sich der Text *Das Rockenweibchen*. Es ist die märchenhafte Erzählung von einem »Weiblein«, das in einer »unterirdischen Kammer« an der Felswand bei Schloss Eberstein im Murgtal haust und in den »Spinnstuben der umwohnenden Landleute« immer wieder den Frauen bei der Spinnarbeit »seltsame Mähren« erzählt, wodurch sich »die Spulen noch so bald« füllen und »der Faden noch so fein und gleich« wurde.

Der hartherzige und knauserige Vogt auf dem Schloss zwingt nun eine junge Magd, die den Schlossgärtner heiraten möchte, als Preis für die Bewilligung der Verbindung zwei Nesselhemden zu verfertigen. Er erklärt, er habe sich sagen lassen, es sei möglich, »aus diesem Unkraut einen überaus zarten Faden zu spinnen«. Den solle sie verweben und aus dem Stoff die beiden Hemden schneidern. »Das eine wird dann dein Brauthemd, und in dem andern soll man mich begraben.« Die Nesseln soll das Mädchen vom Grab seiner Eltern holen, wo sie besonders »prächtig« wachsen.

Das Mädchen ist verzweifelt, aber das »Bergweiblein« erscheint und nimmt ihm den größten Teil der Arbeit ab. Als die Magd dann mit den fertigen Hemden vor den Burgvogt tritt und verlangt, dass er die Zusagen einlöse, wird es dem Mann »vor seinem Auge dunkel« – er setzt für den nächsten Tag die Hochzeit an. Am nächsten Morgen aber, als das Paar von der Trauung heimkehrt, läutet »die Todtenglocke für den Burgvogt«.[28] In einer späteren Fassung heißt es, er liege »auf der Bahre, mit dem Leichenhemd aus Nesseln angethan«.

Die Sage ist zumindest in der vom Herausgeber Alois Wilhelm Schreiber vorgelegten Form unzweifelhaft ein Kunstprodukt, verfertigt aus Versatzstücken verschiedener Märchenüberlieferungen – vielleicht im Anschluss an sagenhafte Überlieferungen zu dem 1660 erloschenen Adelsgeschlecht der Grafen von Eberstein.

Prachtexemplar einer Großen Brennnessel in Prof. Otto Wilhelm Thomés Sammlung botanischer Zeichnungen Flora von Deutschland, Österreich und der Schweiz in Wort und Bild für Schule und Haus, *1885.*

Diese Sage greift nicht nur auf die damals noch übliche Heimarbeit vor allem des Gesindes zurück, das an den Spinnrädern neben Wolle auch Flachs- und eben Nesselfasern verzwirnte, sondern bezeugt auch indirekt den hohen Arbeitsaufwand. Nebenbei wird das offenbar verbreitete Wissen zitiert, dass Nesseln besonders gut auf stickstoffreichen Böden wachsen, wie sie eben auch die alten Friedhöfe aufwiesen.

Die Objektkünstlerin Astrid J. Eichin hat im Frühjahr 2014 eine beeindruckende Ausstellung mit verfremdeten Kleidungsstücken aus sehr ungewöhnlichen Materialien in Basel gezeigt, darunter war auch ein Nesselhemd, verfertigt aus gequetschten, grob verwobenen Stängeln von Brennnesseln.

Astrid Eichin wusste von dem feinen, glänzenden Stoff, der aus Nesselfasern hergestellt werden kann. Aber sie wollte die Märchenrealität veranschaulichen, in der bei H. C. Andersen ein Mädchen in seiner Verbannung elf Nesselhemden weben muss – »wusste ich [...] doch, dass in jener Waldabgeschiedenheit kein Webstuhl gestanden hätte«.[29] Sie liest das Kunstmärchen als Erzählung von realem Geschehen und ›bricht‹, wie jenes Mädchen bei seinem Erlösungswerk, die Stängel der Brennnesseln, um daraus ein Objekt in Form eines Hemdes zu flechten. Der reale, aber befremdliche Gegenstand, das Kunstobjekt, als ins Hyperrealistische verfremdetes Zitat, verweist aber nicht nur auf Andersens Text, sondern ebenso auf die zumeist ahnungslos gebrauchte Chiffre vom Nesselhemd, die auf einer sprachlichen Verwirrung beruht.

Allenthalben in Büchern, Zeitschriften, Tageszeitungen, Blogs, Gesprächen erscheint immer wieder das Nesselhemd. Im *Deut-*

schen Wörterbuch der Brüder Grimm ist es noch nicht verzeichnet, aber man gebraucht es heute ziemlich umstandslos.

Sobald es jedoch in der Sprache zur vermeintlich allen verständlichen Chiffre oder zur Metapher wird, verwandelt es sich in eine Chimäre. Denn das Wort erweist sich als geisterhaftes Mischwesen aus verschiedenen Eigenschaften und Herkünften.

Dabei scheint klar und allgemein bekannt, was das schon beinahe sprichwörtliche Nesselhemd ist: ein Gewand, das auf der Haut brennt, das also starke, schier unerträgliche Schmerzen verursacht, ja das an der Haut festklebt und sich nicht mehr ablösen lässt, sodass nicht endende Qualen erleiden muss, wem es übergestreift wurde.

Dass hier nicht das echte Kleidungsstück Nesselhemd gemeint ist, das es seit Jahrtausenden gibt, müsste eigentlich jedem bewusst sein, weil ein Kleidungsstück aus Brennnesselfasern nicht mehr brennen kann – die winzigen Brennhaare der lebenden Pflanze werden ja schon bei der Ernte, mit dem Mähen oder Schneiden zu einem großen Teil zerstört, der Rest verliert seine Wehrhaftigkeit innerhalb kürzester Zeit, wenn die geschnittenen Brennnesseln trocknen.

Die Wort-Chiffre Nesselhemd wird auf die vermeintliche Ursprungsbezeichnung rückgeführt, und auf einmal kann man wider allen gesunden Menschenverstand glauben, ein wirkliches Nesselhemd vermöge noch Schmerzen zu erzeugen wie die Blätter und Stängel der lebenden Pflanze.

Wie kann es zu solch einem Realitätsverlust beim Gebrauch des Wortes Nesselhemd kommen? Nun, wir haben innerhalb der letzten achtzig, neunzig Jahre nahezu vollständig ein Wissen, eine reale Erfahrungsmöglichkeit dafür verloren, was ein echtes Nesselhemd, was Nesselstoff tatsächlich ist. (Der als ›Nessel‹ käufliche, einfache Baumwollstoff bleibt bei der Bedeutung von Nesselhemd ganz außen vor.) Der Gegenstand ist beinahe völlig aus der Alltagswelt verschwunden. Das Wort für diesen Gegenstand kann deshalb gewissermaßen, weil jede Korrektur durch Realerfahrung ausfällt, mit irrealen Vorstellungen besetzt werden.

Der zweite, entscheidende Faktor für die Verwirrung: Wenn die Vorstellung vom Nesselhemd als einem Kleidungsstück, das quälende Schmerzen erzeugt, ins Spiel gebracht wird, beruft man sich unwissentlich auf die Göttergeschichte vom Hemd des Nessos, genauer: vom Hemd mit dem vergifteten Blut des Nessos.

In dem mythischen Bericht hatte sich der Pferdmensch Nessos aus dem Kampf des Herakles gegen die Kentauren retten können und fristete sein Dasein als eine Art Fährmann am Fluss Euenos. Herakles kam auf einer Reise mit seiner zweiten Frau Deianeira an den Fluss. Sie ließ er vom Kentauren ans andere Ufer tragen, er hingegen schwamm selbst hinüber. Noch im Wasser oder schon am jenseitigen Ufer – die Überlieferungen sind sich nicht einig – versuchte Nessos, die schöne Frau zu vergewaltigen. Herakles erschoss ihn mit einem vergifteten Pfeil. Sterbend gab der Kentaur etwas von seinem nun auch vergifteten Blut Deianeira mit der Versicherung, damit besitze sie einen Liebeszauber, durch den Herakles sich nie einer anderen Frau zuwenden würde. Als der berühmte Held sich später in die junge Iole verliebte, strich Deianeira etwas von dem Nessos-Blut auf ein Hemd. Sobald Herakles dieses Hemd übergestreift hatte, brannte es fürchterlich auf seiner Haut. Er

Der Kentaur Nessos entführt Deinareira, Herakles legt auf ihn an. Gemälde von Louis Jean François Lagrenée, 1755.

konnte es nicht mehr von seinem Körper lösen, riss in rasendem Schmerz Stücke seiner Haut ab. Um der Qual ein Ende zu machen, ließ er sich auf einem Scheiterhaufen verbrennen, den sein Freund Philoktet anzünden musste. Deianeira gab sich aus Verzweiflung den Tod. Herakles wurde von den Göttern in den Kreis der Unsterblichen aufgenommen.[30]

Der Mythos vom Ende des Herakles durch das vergiftete Nessos-Hemd lieferte in der Literatur die Metapher für eine »Verderben bringende Gabe, ein Geschenk, das jemandem in verhängnisvoller Weise zum Unheil wird, oder auch ganz allgemein etwas, was jemanden sehr peinigt, ihm große Qual bereitet«.[31] In der latinisierten Form erhielt das ›Nessushemd‹ (oder ›Nessusgewand‹) eine beinahe sprichwörtliche Geltung. »Sich ein Nessushemd überziehen«, also eine nicht aufhebbare, im strengsten Fall tödliche Verpflichtung auf sich zu nehmen, wird bis in unsere Tage als eine bildliche Redensart benutzt.

Eines der berühmtesten, immer wieder zitierten Zeugnisse dafür ist die Erklärung Henning von Tresckows, eines der Vorbereiter des Attentats vom 20. Juli 1944, die er gegenüber seinem Adjutanten Schlabrendorff geäußert haben soll, als er vom Misslingen des Anschlags auf Hitler erfahren hatte: »Wenn ich in wenigen Stunden vor den Richterstuhl Gottes treten werde, um Rechenschaft abzulegen über mein Tun und mein Unterlassen, so glaube ich mit gutem Gewissen das vertreten zu können, was ich im Kampf gegen Hitler getan habe. Wenn einst Gott Abraham verheißen hat, er werde Sodom nicht verderben, wenn auch nur zehn Gerechte darin seien, so hoffe ich, dass Gott auch Deutschland um unsertwillen nicht vernichten wird. Niemand von uns kann über seinen Tod Klage führen. Wer in unseren Kreis getreten ist, hat damit das Nessushemd angezogen. Der sittliche Wert eines Menschen beginnt erst dort, wo er bereit ist, für seine Überzeugung sein Leben hinzugeben.«[32]

Der Schriftsteller Max Nassauer veröffentlichte 1913 einen Roman *Das Nessushemd.* Die gleiche Überschrift trägt ein zivilisationskritischer Essay Alfred Döblins, 1921 zuerst gedruckt, wo vom »Nessushemd« der naturfernen, großstädtischen Lebensform die Rede ist.[33] Und noch 1990 konnte Walter Boehlich, als er den Johann-Heinrich-Merck-Preis für literarische

Kritik und Essay erhalten hatte, den die Deutsche Akademie für Sprache und Dichtung vergibt, beiläufig bemerken: »Glückliche Zeiten, in denen den Leuten die Nationalität noch nicht am Leibe klebte wie ein Nessushemd – auch wenn es unglückliche Zeiten für die große Zahl waren.«[34]

Die Chiffre also vom Nessushemd bewahrte noch einen Rest der mythenkundlichen Herkunft. Im 19. Jahrhundert finden sich dann aber Belege dafür, dass wegen der lautlichen Ähnlichkeit des griechischen Namens ›Nessos‹ mit dem deutschen Wort ›Nessel‹ eine fälschliche Übertragung stattfand, so als sei das Nessos-Hemd ein Nesselhemd gewesen.

Einen der Beweise liefert eine Ballade von August Schnezler im *Badischen Sagenbuch* von 1846. In diesem ziemlich kunstlosen Gedicht zwingt ein tyrannischer Vogt eine Jungfrau, ihm ein Nesselhemd zu weben. Mithilfe von Elfen kann das Mädchen einen Stoff verfertigen, der »zum feinsten Linnen« wird. Erstaunt stellt der Vogt fest: »›So wahr ich lebe! / Das Hemd ist weiß wie Schwanenflaum, / ein wunderfein Gewebe!‹ / Und auf der Stelle zieht er's an, / Doch sinkt er schnell zusammen. / ›Weh' dir, was hast du mir gethan? / Dein Hemd brennt ja wie Flammen!‹«[35] Er kann sich das Hemd nicht mehr vom Leib reißen und muss elendiglich sterben.

Der Name des Kentauren Nessos, der vermutlich mit dem Fluss Nestos (und dem gleichnamigen thrakischen Stromgott) zu tun hat,[36] wurde also missverstanden, als gäbe es einen sprachlichen Bezug zum deutschen Wort Nessel. Wortgeschichtlich ist das völlig abwegig, aber das unendlich schmerzhafte Brennen des Nessos-Hemdes wurde wegen der Klangverwandtschaft auf sagenhafte Eigenschaften des Nesselhemdes übertragen.

Die Chimäre vom Nesselhemd geisterte nun von der Mitte des 19. Jahrhunderts an durch deutschsprachige Texte – und heute hat sie eine beinahe sprichwörtliche Geltung erlangt. Das auf der Haut brennende Hemd ist zur Chiffre geworden, die auch in anspruchsvoller Lyrik umstandslos verwendet werden kann. Ulla Hahn etwa schreibt in ihrem Gedicht *Befehlsform* die Strophe:

Meine Haut
Nesselhemd
Verbrenn[37]

Sogar der in der altgriechischen Überlieferung außerordentlich belesene Dramatiker Heiner Müller lässt jenen Philoktet, der dem mythischen Bericht nach den Scheiterhaufen des Herakles anzündete – »in sein gehäuftes Holz die Fackel stieß ich« –, vom »letzten Dienst« sprechen, den er »Dem Brennenden im Nesselhemd der Frau« erwiesen habe.[38] Die nur im Deutschen überhaupt eingängige Chiffre gelangt also, als Chimäre, in die gelehrte Rezeption des griechischen Mythos selbst.[39]

Die – im Wortsinn aufgeladene – Rede vom Nesselhemd scheint inzwischen jede Erinnerung an das mythische Nessos-Hemd getilgt zu haben, die Wort-Chimäre hat eine sprachliche Realität gewonnen, gegen die – um im Bilde zu bleiben – kein Kraut gewachsen ist.

Nesseln im Bilde

Solange eine religiöse Bildersprache die Darstellung auch von Pflanzen regierte, wirkte für die Brennnessel die alttestamentliche Verfluchung fort: Das Kraut ist, wenn es denn überhaupt der bildlichen Vergegenwärtigung wert erscheint, immer wieder als Zeichen drohender Verwilderung und Verwüstung und als Verweis auf die Mühe und Arbeit zu sehen, mit der seit der Vertreibung aus dem Paradies das Unkraut vom Acker ferngehalten werden muss. Piero della Francesca malte 1470 ein Tafelbild *La Nativitá* (Die Geburt Christi). Vor dem Stall ist mit verstreuten Pflanzen eine Art Wiese angedeutet, Nesseln sind darunter – sofern man die nicht sonderlich naturgetreuen Kräuter richtig identifiziert. Vermutlich versinnbildlichen sie das Ärmliche, Karge und Ungepflegte des Milieus, in das der Heiland hineingeboren wird. Vielleicht weisen sie aber auch auf das Leiden Christi voraus. So könnte auch die Nessel, die bereits 1394 in die Komposition von Mariae Verkündigung, als eine von drei Pflanzen eines Gartens, auf dem Altarbild Melchior Broederlams in der Chartreuse de Champmol in Dijon, hineingesetzt ist, gedeutet werden.

Die Brennnessel kann auch ganz buchstäblich als Instrument von Strafe, von Pein und Schmerzen gezeigt werden. So auf Entwürfen für einen Zyklus von bunten Glasfenstern des Benediktinerklosters St. Egidien in Nürnberg, der Albrecht Dürer zugeschrieben wird. Einer der Holzschnitte stellt den Hl.

Nur die Brennnessel war Zeuge. Der alttestamentliche Held Samson zerreißt einen Löwen mit bloßen Händen. Holzstich von Albrecht Dürer, 1496.

Benedikt dar, der sich kasteit, um der Versuchung in Gestalt einer Frau zu widerstehen: Er liegt auf einem Bett aus Disteln und Dornen, vielleicht sind auch Nesseln dabei.

Dürer hat immerhin der Brennnessel einmal eine markante Stellung in der Bildkomposition zugewiesen, auf dem Holzschnitt *Samson bezwingt den Löwen* von 1496. Die Pflanzendarstellung dient offensichtlich als ›Anker‹ für die Diagonale, die den Bildaufbau von links unten nach rechts oben bestimmt, sie darf aber auch als Zeichen für das Wilde, Ungezähmte der Szenerie gelesen werden.

Ein weiteres Bild Dürers, das in Dutzenden von Publikationen und in Hunderten von Interneteinträgen angeführt wird und auf dem ein Engel zu sehen sein soll, der mit einer Nessel in der Hand zum Thron des Allerhöchsten schwebt, gibt es aber offenbar gar nicht. In keinem Werkverzeichnis zu Dürers Gemälden, Zeichnungen und zu seiner Druckgrafik ist es zu finden, die einschlägige Literatur weist keinen Eintrag auf.[40] Der allenthalben erwähnte Dürer'sche Brennnesselengel ist also eine Falschmeldung.

Schon in der Renaissance jedoch machten die Pflanzen, die im Alten Testament als Zeichen von Gottes Zorn in den Umgebungen der Menschen gewissermaßen verschwistert sind, jenseits religiöser Bildlichkeit ganz unterschiedliche Karrieren: Die Brennnessel, mit ihrer eher unauffälligen Erscheinung, ohne bemerkenswerte, farbige Blüten, reihte sich in die Galerie der vielen wilden Kräuter ein, die in den immer aufwändiger illustrierten Kräuterbüchern des 16. bis 18. Jahrhunderts aufgeblättert wurde. Sie als identifizierbare, isolierte, möglichst ›naturgetreu‹ dargestellte botanische Spezies abzubilden, unabhängig von jeder symbolischen oder allegorischen Bedeutung, war das Ziel der Darstellung seit den ersten ›Botanikern‹ der Renaissance.[41] Solches Bestreben zieht sich, mit der verwissenschaftlichen Botanik, bis in die Lehrbuchillustrationen und Schulbildtafeln neuerer Zeit durch.

Die Disteln dagegen emanzipierten sich sozusagen schon früh von einer Abbildung ›nach der Natur‹, man machte sie zum Ornament und zum schmückenden Bestandteil floraler Kompositionen. Dürers Selbstbildnis von 1493 mit einer Distelverwandten, dem blühenden Mannstreu, in der Hand stellt eine bemerkenswerte Ausnahme dar, auf die sich dann fast 500 Jahre später der sächsische Maler Curt Querner bezieht.

Die Literatur und Bildkunst der Renaissance verrät an ganz wenigen Stellen auch, dass die vielfach gepriesene Heilpflanze Brennnessel zu den Kräutern gehörte, mit denen die ›weisen Frauen‹ umgingen, die in volksmedizinischer Tradition tätigen Hebammen und Heilerinnen. Diese Frauen – es gab auch wenige, in den jahrelangen Einweihungen kundig gewordene Männer – waren nicht nur den akademisch ausgebildeten Medizinern verdächtig. Weil sie nicht bloß harmlose Kräuter wie die Nesseln für allgemein bekannte Indikationen anwendeten, sondern auch extrem giftige Pflanzen – unter anderem starke Rauschmittel – für Heilungszwecke zu verwenden wussten, sagte man ihnen zauberische Kräfte nach. Religiöse Eiferer erklärten sie zu Hexen, die mit dem Teufel im Bunde stünden, und die kirchliche Inquisition ging im 16. Jahrhundert dazu über, ihnen den Prozess zu machen.

Auch die Brennnessel konnte zu den Hexen- und Zauberkräutern gerechnet werden – es waren ja bis ins 20. Jahrhundert

Das verfemte Kraut für die weise Frau. Von der Tugend, *Hans Weiditz*, *Petrarcas* Trostbuch, *1532*.

viele Riten und Beschwörungen verbreitet, bei denen die Zauberkräfte der Nessel für Heilungen, für Reinigung und Schutz, für Liebesbegehren und Verwünschungen wirken sollten. Selten findet man ein Dokument dafür, dass die Brennnessel zum regelrechten Zeichen für Hexerei werden konnte. Eines ist in der deutschen Fassung von Petrarcas *Trostbuch* (*De remediis utriusque fortunae* – er arbeitete daran von 1354 bis 1367) enthalten, sie erschien zuerst 1532 unter dem Titel *Von der Artzney bayder glück*. Das Buch, ein philosophischer Traktat über den Umgang mit Glück und Unglück, ist mit Holzschnitten von Hans Weiditz, einem Schüler Dürers, illustriert. Auf einem der Bilder ist eine alte, gebückte Frau mit langen, wirren Haaren dargestellt. Ob sie als ›Wetterhexe‹ gesehen werden darf, ist umstritten. Sie ist von wilden Pflanzen umgeben, Nesseln und Disteln sind darunter, ein rarer Beleg dafür, dass die Brennnesseln, jenseits ihrer Rolle in der christlichen Symbolik und jenseits ihrer Konterfeis in der medizinischen und botanischen Literatur, auch als verfemte Mittel der Hexerei erscheinen konnten.

Die Darstellung von Hexen in den Märchen-Illustrationen zur Zeit der Aufklärung misst den Hexenkräutern keine erkennbare Bedeutung mehr zu. Außer in der mehr und mehr wissenschaftlich präzisierten Bebilderung heilkundlicher und vor allem botanischer Bücher kann man für fast zweihundert Jahre kaum Nessel-Bilder aufstöbern.

Dass der Maler Curt Querner 1933 ein *Selbstbildnis mit Brennnessel* in der sächsischen Provinz entstehen lässt, ein Gemälde, das erst nach seinem Tod Bekanntheit erlangt, ist einzigartig – auch seines politischen Gehalts wegen. Der junge Querner malte es kurze Zeit nachdem ein Freund von den Nazis ermordet worden und nachdem er selbst aus dem Gefängnis freigekommen war: Die Gestapo hatte ihn »direkt vor dem Kriegstriptychon seines Lehrers Otto Dix in einer Ausstellung mit ›Entarteter Kunst‹ im Dresdner Rathaus« verhaftet.«[42] Einige Jahre später malte Querner ein ganz ähnliches *Selbstbildnis mit Distel* – beide Gemälde spielen nur zu deutlich auf Dürers erwähntes Selbstportrait mit Mannstreu an und setzen dem berühmten Vorbild ein hartes, düsteres, grimmiges Zeugnis politischen Protests entgegen.

Brennnessel und Distel – in diesen Selbstbildnissen kehrt der Maler die alte, biblische Bedeutungszuweisung an die Pflanzen um: Nicht für Gottesstrafe, Verwüstung, Plage, Mühsal oder als Heil- und Zauberpflanzen werden sie ins Bild zitiert, sondern als Zeichen für Selbstbehauptung, Widerständigkeit, Zuwen-

Wehrhaftes Kraut und stechender Blick als Zeichen von Widerständigkeit: Selbstbildnis mit Brennnessel *von Curt Querner, der kurz zuvor der Gestapo entkommen war, 1933.*

dung zum Missachteten. In der Geschichte der bildlichen Darstellung von Brennnesseln findet sich nichts Vergleichbares.

In der Moderne wurden die Brennnesseln aber auch anders als auf Gemälden und grafischen Blättern zu Objekten der Kunstgeschichte. Friedensreich Hundertwasser zum Beispiel kochte 1960 bei einer Veranstaltung seines Kollegen Alain Jouffroy in der Galerie *Quatre Saisons* in Paris Nesseln, die er am Seineufer gepflückt hatte. Er bot sie den Besuchern und anwesenden Künstlern an, weil er sie auffordern wollte, lieber auf Verkaufserlöse und Honorare zu verzichten als sich anzupassen. Es sei ganz einfach, ohne Geld zu leben – man könne Brennnesseln essen, sie kosteten nichts.[43]

In der Installation, die Pawel Chawinski 1999 im *Garten der Sinne* bei Gehren in der Niederlausitz zeigte, wird die Brennnessel Bestandteil des eigenständigen Werkes, indem er sie zwischen dünne Stämme spannte: Er hatte für eine Art Vorhang entastete, getrocknete, ineinandergesteckte Brennnesselstängel eng nebeneinander an einem Querholz aufgehängt und auf die hellen Nesselhalme einen schwach sichtbaren Kreis aus rötlicher, eisenoxydhaltiger Erde aufgetragen. Chawinskis Arrangement *Displacement I* wurde nicht nur aus Naturmaterial hergestellt, sondern selbst als ein Bestandteil von natürlichen Prozessen konzipiert und installiert: Die Nesselstängel waren nur für eine kurze Zeit dem Vorgang des Verrottens enthoben und zu einem Kunstobjekt verfremdet worden, bevor sie wieder in den unterbrochenen Naturprozess zurückfielen.

Dass die Brennnesseln als wildes Gewächs für eine Weile zum Kunstmaterial werden, hat ein wenig mit ihrer natürlichen Beschaffenheit zu tun, aber nichts von dem, was sich in der so reichen Kulturgeschichte dieses Gewächses an Erfahrungen und Bedeutungen, an Zuschreibungen und Wahrnehmungen akkumuliert hat, nimmt ein solches Kunstwerk auf. Es geht bei der künstlerischen Arbeit mit den Nesselstängeln nicht um ›Entfernung von der Natur‹, vielmehr um ein kurzes Aufleuchten menschlicher Kulturtätigkeit im Gang des Naturgeschehens. Allerdings ist der Anspruch, mit dem sehr rücksichtsvollen Eingriff in die natürlichen Prozesse dennoch ein ästhetisches Werk geschaffen zu haben, selbst mit der Einbindung des Arrangements in die weitgehend unbearbeitete Natur-Umgebung nicht aufgehoben. Das verbindet die Land-Art-Installation denn doch wieder mit den neuzeitlich-bürgerlichen ›Regeln der Kunst‹.[44]

Der Versuchung widerstehen: die Selbstkasteiung des heiligen Benedikt auf einem Bett aus Nesseln und Dornen. Miniatur aus der Mettener Regel, 1414.

Ausgesuchte Nesseltexte

Über sehr lange Zeiten hin, bis fast zu den Anfängen der literarischen Moderne, wurde von der Brennnessel nur das geschrieben, was zur Erscheinung der Pflanze, zu ihren Eigenschaften und zu den Heilanwendungen festgehalten werden sollte.

In den langen Jahren der Auseinandersetzungen zwischen katholischen und reformatorischen Landesfürsten um die Vorherrschaft in Mitteleuropa hatte sich aus der Pflanzensymbolik eine regelrechte Systematik der allegorischen Auslegung von bekannten Pflanzengestalten entwickelt: An der Erscheinung der Gewächse, den Wuchs- und Blattformen, den Farben und Gestalten der Blüten, an den Eigenschaften und Verwendungen erläuterten die Theologen die Glaubensinhalte und christlichen Lehrsätze. Viele der Predigten wurden gedruckt, sie kursierten als wichtiges Mittel der lutherischen Öffentlichkeitsarbeit.[45]

Die Disteln dienten immer wieder dazu, die Qualen Christi in der Passionsgeschichte vor Augen zu führen oder auf die bedrohlichen, teuflischen Machenschaften der Ketzer und Irrlehrer hinzuweisen. Die Symbolpflanze Brennnessel – immerhin führt das *Lexikon der Pflanzensymbolik* die Bedeutungen »Reinigung, Befreiung, Bereitschaft zum Kampf, inneres Feuer« auf[46] – war es den Predigern nicht wert, die Merkmale allegorisch auszubuchstabieren.

Was aber in den Büchern der Gelehrten nicht festgehalten

wurde, waren die mündlich weitergegebenen Texte zumeist anonymen Ursprungs, die – oft über Jahrhunderte hinweg und oft in verschiedenen Fassungen – bei den unterschiedlichsten Gelegenheiten erzählt, vorgetragen, gesungen wurden. Sehr häufig war dort von Kränzen die Rede, die aus Blumen geflochten und vor allem beim Tanzen von den Mädchen getragen wurden. »Es werden aber auch Kränze genannt, welche Sinnbilder des Versagens und der schnöden Abweisung sind, der Strohkranz und der Nesselkranz, beide gegensätzlich zum Rosenkranze.« Schon in hochmittelalterlichen Heldenepen werde der Nesselkranz als ein Zeichen der Abweisung genannt. »Dem Bauernsohne, der zu hoch wirbt, läßt ein Volkslied eben jenen Kranz empfehlen:

O Baurnknecht, laß die Röslein stehn!
sie sind nicht dein;
du trägst noch wohl von Nesselkraut
ein Kränzelein.

›Das Nesselkraut ist bitter und saur
und brennet mich,
verloren hab' ich mein schönes Lieb,
das reuet mich.‹« [47]

Noch im Barock war die symbolische Bedeutung des Nesselkranzes geläufig, Thomas Kling hat einen Hinweis darauf gegeben: Der Brennnesselkranz sei ein »treffender Rahmen für einen bestechenden Dichter«.[48] Was als bloßes Wortspiel erscheinen mag, verweist aber auf eine Positionsbestimmung: Wer Literatur schreibt, hat sich – mit einer geläufigen Redensart formuliert – ›in die Nesseln zu setzen‹, unbequem und widerständig zu sein, auch wenn er sich dabei ›brennt‹.

Friedrich Rückert, Zeitgenosse Uhlands und Hoffmann von Fallerslebens, einer der großen Formkünstler der Ära vor und nach der gescheiterten März-Revolution, griff weniger auf die volkspoetische Überlieferung zurück:

Wenn ihr an Nesseln streifet,
So brennen sie;
Doch wenn ihr fest sie greifet,
Sie brennen nie.
So zwingt ihr die Feinen,
Auch die gemeinen Naturen nie.
Doch preßt ihr wacker
Wie Nußaufknacker,
So zwingt ihr sie.

Die Metren und die Reime dieses in Rückerts Werkausgaben schwer aufzufindenden Gedichts sind raffiniert gehandhabt, aber sie können nicht davon ablenken, dass dieses leichtfüßige Kunststück schon in die Nähe der propagandistischen Literatur rückt, die zu dieser Zeit Partei ergreift für das »verkannte Kräutlein« und seine Vorzüge anpreist, wie sie 1849 Heinrich Hoffmann, der Verfasser des *Struwwelpeter,* in heute noch gern zitierten, knirschend gereimten, dahinholpernden Versen meinte ins Feld führen zu sollen:

Brennessel, verkanntes Kräutlein, Dich muß ich preisen,
Dein herrlich Grün in bester Form baut Eisen,
Kalk, Kali, Phosphor, alle hohen Werte,

Entsprießend aus dem Schoß der Mutter Erde,
Nach ihnen nur brauchst Du Dich hinzubücken,
Die Sprossen für des Leibes Wohl zu pflücken,
Als Saft, Gemüse oder Tee sie zu genießen,
Das, was umsonst gedeiht in Wald, auf Pfad und Wiesen,
Selbst in noch dürft'ger Großstadt nahe Dir am Wegesrande,
Nimm's hin, was rein und unverfälscht die gütige Natur
Dir heilsam liebend schenkt auf ihrer Segensspur!

Der Arzt Hoffmann schrieb den offenbar nicht wieder nachgedruckten Werbetext für das Gesundheitsmittel Brennnessel in ebenjenem Jahr, in dem die Deutsche Nationalversammlung von den Fürsten schließlich mit Waffengewalt aufgelöst wurde. Das Poem nutzt die Formen populärer ›Zweckdichtung‹ der Zeit, um heilkundliche Ratschläge zu propagieren.

Der heilkundliche Lobpreis weist voraus auf die Wiederentdeckung der Faser- und Futterpflanze Brennnessel, die wenig später erste praktische Anbauversuche nicht nur in deutschen Ländern zeitigte. Die Literatur war nicht ganz unbeteiligt an dem Bemühen, das verfemte Kraut aufzuwerten. Victor Hugo hatte in seinen Roman *Die Elenden* (*Les Misérables,* 1862) eine sozialkritische Passage eingeflochten, in der sein Held Madeleine vor Feldarbeitern, die einen Acker von Brennnesseln befreien wollen, ein geradezu modernes Plädoyer für das vermeintliche Unkraut hält: »Wollte man sich bloß ein klein bisschen Mühe geben, so würde man aus den Brennnesseln großen Nutzen ziehen; man vernachlässigt sie aber, und da wird ein Unkraut daraus. Dann rottet man sie aus. Mit vielen Menschen macht man's freilich nicht besser. Merkt euch, Freunde! So was wie Unkraut gibt's nicht, ebenso wie's auch keine schlechten Menschen gibt. Man versteht bloß nicht mit dem Kraut und den Menschen richtig umzugehen.«[49]

Die reformerische, die sozialkritische Absicht, die hier einer Romanfigur in den Mund gelegt ist, lässt die Brennnessel nicht zum eigentlich literarischen Gegenstand werden, sie verharrt, wenn sie im Roman noch erwähnt wird, im Status einer Nebensache, bleibt ›bedeutungsloses‹ Kraut. Und nicht nur in diesem Roman, meine weiträumige Suche hat auch in der Literatur der letzten Jahrzehnte nur wenige Fundstellen erbracht, die etwas literarisches Feuer entfachen. Eines der Stücke aber, bei Arno Schmidt, tanzt, wie anders, ganz aus der Reihe: Im satirisch-absurden *Reisebericht aus der Zukunft,* in dem der Erzähler eine Welt voller Chimären aus genetischen Experimenten und voller hybrider sozialer Konstruktionen der beiden Machtblöcke nach einem Atomkrieg durchstreift, in die ›Gelehrtenrepublik‹ von 1957 also inszeniert Schmidt eine Episode mit Brennnesseln. Der Berichtende hat sich mit einer jungen Zentaurin eingelassen, mit einem attraktiven Wesen aus den verstreuten Herden, die aus Kreuzungen von Menschen und Antilopen hervorgegangen sind. In einem »Nesselfeld«, schreibt der Erzähler, reißt die auf Lust erpichte, anhängliche Schönheit Bündel der Sorte aus, die – im Unterschied zu den anderen Varianten, die ein »lebenslängliches Irrsinnsjucken« versprechen – nur einen »raschvergänglichen Reiz« bereitet. Der nichts ahnende Erzähler muss es sich gefallen lassen, sich rücklings an einen Baum zu stellen, und hat die Hände im Rücken zu verschränken. Dann widerfährt ihm die ›viehische Prozedur‹: Die Halbmenschin »kam vornherum [...] Und riebeinallesdurcheinanderblattkrautundstengel: !!!!!:« Der Mann »arbeitete« an gewünschter Stelle »wie ein Wahnsinniger! Nur um das Brennen loszuwerden!«[50] Schmidt, der stupend Belesene, kannte also jene Angabe in den antiken Schriften, dass Bauern, wenn die Nutztiere sich nicht bespringen wollen, deren Genitalien mit Brennnesseln peitschen. Dieses kleine Stück Brennnesselprosa steht in der deutschsprachigen Nachkriegsliteratur völlig singulär da.

Es sind nur wenige weitere Beispiele beizubringen. Die Lyrik der Nachkriegsära bietet hie und da Bedenkenswerteres. Christine Lavant etwa hat in einer ganzen Reihe von Gedichten die Nesseln erwähnt, die – manchmal in der biblischen Gesellung mit den Dornen – als Chiffren für Leid, Vereinsamung und Ausgrenzung stehen.[51]

Günter Eich schrieb Texte, die eine immer größere Skepsis gegenüber der Geltungskraft und Verwendbarkeit von schöner Literatur ausdrücken. Einen Vorklang gibt das »vermutlich 1957«[52] entstandene Gedicht *Brüder Grimm*, das mit einer Anspielung auf das Märchen *Jungfrau Maleen* in der Grimm'schen Sammlung beginnt:

Brennesselbusch.
Die gebrannten Kinder
warten hinter den Kellerfenstern.
Die Eltern sind fortgegangen,
sagten, sie kämen bald.

Erst kam der Wolf,
der die Semmeln brachte,
die Hyäne borgte sich den Spaten aus,
der Skorpion das Fernsehprogramm.

Ohne Flammen
Brennt draußen der Brennesselbusch.
Lange
Bleiben die Eltern aus.[53]

Der Text destruiert alle anklingenden Sinnbildungen und Verknüpfungen, öffnet Vorstellungsräume im abrupten Wechsel, so auch den einer Nachkriegssituation und »Orientierungskrise«.[54] Und das Wortspiel vom ›brennenden Busch‹ und den ›gebrannten Kindern‹ ermöglicht kein zusammenführendes Verständnis. Die Poetik des späten Eich ist schon am Werke.

Es überrascht nicht, dass Eich in einem Gedicht aus dem gleichen Band die Brennnessel anführt, um die Absage an alle Brauchbarkeit des literarischen Textes in eine Enttäuschung über das vorgeblich unnütze Kraut zu kleiden:

AUSKÜNFTE AUS DEM NACHLASS

Nach dem Kalkofen befragt:
Iltisse wohnen dort
und freundliche Mädchen.

In den Schutthaufen
Anfänge von grauem Star,
die Schöpfung
nah vor der Lesebrille.

Ich höre wenig:
Die Gänge im Motor,
Hilferufe, wenn niemand ruft.

Immer habe ich Brennesseln geliebt,
und jetzt erfahren,
daß sie nützlich sind.[55]

Adolf Endler, einer der Lyriker der ›Sächsischen Schule‹, aus dem Kreis um Karl Mickel, Volker Braun, Rainer und Sarah Kirsch, Heinz Czechowski, hingegen hebt unter ganz anderen Umständen die Paradoxien des Schreibens ›in Opposition‹ ins Spielerisch-Metaphorische.

DIE BRENNESSEL

Auf meinem Tisch liegt eine Brennessel bereit
So daß die Zähnchen meine Hand verbrennen können
Die schreibt O öde Zeit der mangelnden Gelegenheit
Erfreut beim Dichten sich die Finger zu verbrennen[56]

Sich an der Nessel zu brennen, zeigt hier auch im übertragenen Sinn eine erfreuliche Wirkung, nicht nur bei ungewöhnlichen Heilanwendungen, von denen noch zu sprechen ist.

Die Nessel und die Götter

Bis in die frühe Neuzeit sahen Ärzte, Apotheker, Alchimisten nach den uralten Gliederungsprinzipien für den Kosmos die Brennnessel dem Kriegsgott zugeordnet, in erster Linie gemäß der römischen Mythologie dem Mars. Einen solchen Bezug hatte man wohl ursprünglich hergestellt, indem man die äußere Gestalt der Pflanze betrachtete: Es ist ein außerordentlich wehrhaftes Gewächs, mit den winzigen Stacheln der Brennhaare, auch der straff aufrechte Wuchs, der harte Stängel, die zackige Gestalt der Blätter mit ihrer regelmäßigen Schlachtordnung mochten die militärischen Assoziationen bestärkt haben.[57]

Mars, der rote Planet, stand als auffälliger ›Wandelstern‹ für das Kriegerische und Männlich-Starke. »Zu der Signatur des Mars gehört die feurige Hitze. Die galenischen Humoralpathologien der Antike und des Mittelalters erkannten in der Brennnessel, dieser typischen Marspflanze, ein heißes, trockenes ›Temperament‹ des dritten Grades. Entsprechend verordnete man sie, wenn es galt, etwas zu erwärmen oder auszutrocknen, etwa bei Milzverhärtung, Steinleiden, kalten Geschwüren, Asthma, Brustfellentzündung oder Lungenentzündung. Aber auch bei verschiedenen hitzigen Erkrankungen fand sie Anwendung nach dem (homöopathischen) Prinzip, man solle Gleiches mit Gleichem heilen.«[58]

Auch der germanische Donar (Thor) verkörperte die männliche Sexualität – sein Zeichen, der Hammer, gilt auch als Symbol des Phallus. Deshalb wurde das ›Donarkraut‹ Brennnessel in Verbindung mit Sexualität und Fruchtbarkeit gesehen. Auch die Redewendung von der ›brennenden Liebe‹ geht vermutlich auf die Liebeszauber zurück, die man mit Brennnesseln veranstaltete.

Aus vielen Gegenden ist etwa der Brauch bezeugt, mithilfe der Brennnessel in einem oder einer Begehrten eine heiße, brennende Liebe zu entzünden. »Dazu musste man an einem Freitag, dem Tag der Liebesgöttin Venus [Freya], vor Sonnenaufgang heimlich auf eine Nesselstaude urinieren, den Namen des oder der Begehrten aufsagen und die Pflanze mit Salz besprengen. Nach Sonnenuntergang desselben Tages grub man die Nessel aus, legte sie in die Glut und beschwor drei Dämonen:

Öl, Ammel und Ingrimm,
So wie die Nessel hier brennt,
So brenne auch sein (ihr) Herz nach mir!«[59]

Dass Nesselzauber nicht nur in Liebesdingen oft erfordert, auf die Pflanze zu urinieren, hängt wieder mit der Zuordnung der Pflanze zum Donner- und Fruchtbarkeitsgott Donar zusammen: Den mit ungebändigter Haarmähne und starkem Bart vorgestellten, potenten Hauptgott sah man auch als einen gewaltigen Zecher an, der übermenschlich viel Met oder Bier in sich gießen konnte. Folglich ließ er auch Unmengen Wassers ab – der Gott des männlichen Prinzips, der sich mit Fruchtbarkeitsgöttin verband und so die Vegetation sprießen ließ, sorgte auch, vor allem im Gewitter, für genügend Feuchtigkeit.

In slawischen Regionen meinte man sich die Gesundheit für das ganze Jahr zu erhalten, wenn man am Georgstag – der

Kleine Brennnessel mit starkem Nesselgift, in Büchern über Medizinalpflanzen unentbehrlich / Medical Plants, *1892.*

Heilige Georg, der den Drachen besiegte, fungiert eindeutig als christlicher Vertreter Donars – auf einen Brennnesselbusch urinierte. Und die Brennnessel konnte auch, so glaubte man, Gesundheit oder Krankheit anzeigen, wenn man sie mit dem Harn eines Kranken begoss: Wenn die Pflanze welkte, stand der Tod zu befürchten, blieb sie grün, würde der Kranke gesund werden. Auf ähnliche Weise wollte man in manchen Regionen feststellen, ob ein Mädchen noch jungfräulich sei.

Die Donnernessel stand sowohl symbolisch wie physisch in Verbindung mit Sexualität und Fortpflanzung. Beispielsweise soll bei germanischen Hochzeitsriten der Braut ein Hammer in den Schoß gelegt worden sein, Donars ›Gerät‹, das Mutterschaft versprach.

Brennnesselanalytik

Was wir leichthin dem Aberglauben zuschlagen, enthielt aber oft ein uns heute rätselhaftes Wissen, das wir mit Erstaunen durch aufwändige wissenschaftliche Analysen bestätigt sehen. So haben die chemischen Untersuchungen ergeben, dass Brennnesseln unter anderem reichlich Eisen enthalten. Viele seit alters bewährte Heilanwendungen der Brennnessel beruhen darauf, dass der menschliche Organismus die Eisenverbindungen aus dem Kraut leicht aufnehmen kann. Das hilft gegen Blutarmut. Herrscht Mangel an Eisen, sind Abgeschlagenheit, Mattigkeit, Antriebsarmut, Kraftlosigkeit, Blässe die Folge. Dann können Suppen und Salate, zu deren Zutaten Brennnesselblätter gehören, oder auch frisch gepresster Brennnesselsaft, ein Smoothie, ein Milchmix von Brennnesseln dem Körper das benötigte Element übermitteln. Besonders Schwangere und stillende Mütter brauchen oft mehr Eisen.

In der vormodernen Elementenlehre galten der Kriegsgott Mars und auch der Donnergott Donar dem Eisen verbunden. Die kosmologische Platzierung der Brennnessel in Bezug zur Sphäre des Mars entsprach also, ohne dass dies auf ein mit modernen Mitteln verifizierbares Wissen von der inneren Chemie der Pflanze zurückgehen konnte, auf bemerkenswerte Weise dem markanten Eisengehalt in den Zellen des Krauts.[60]

Wenn Brennnesseln besonders viel Eisen in ihrem Gewebe einlagern, könnte man darin eine Nähe zum Animalisch-Kör-

Große Brennnessel (weibliche Pflanzen, links mit Blüten, rechts mit Früchten), typische Vertreter der Pflanzen der Heimat, *1913.*

perlichen vermuten. Brennnesseln bieten aber nicht nur besonders viel Eisen (bis zu 14 Milligramm pro 100 Gramm Pflanzenmasse) und auch Chlorophyll an – so viel, dass die Industrie vor allem Brennnesselblätter für grüne Lebensmittelfarben und für Chlorophyllzusätze verwertet –, sie bilden in ihrem Gewebe auch eine Fülle weiterer Stoffe, die sie seit frühesten

Zeiten zu einem der wichtigsten Heilkräuter und zu einer viel verwendeten Speisepflanze für die Menschen gemacht haben. An mineralischen Stoffen kann man neben Eisen und Magnesium noch Kalzium, Kalium, Natrium, Phosphor und Schwefel nachweisen, außerdem Nitrat, Kieselsäure und eine große Zahl organischer Säuren. Aus den Blättern lassen sich verschiedene so genannte sekundäre Pflanzenstoffe gewinnen, die in diesem Fall besonders bei Harnwegserkrankungen ihre Wirkung entfalten, außerdem Stereoide und die Vitamine A, B, C, E und K. In den Wurzeln sind pflanzliche Hormone sowie Glykoside und Lektine enthalten, denen ein deutlich positiver Effekt bei gutartiger Prostatavergrößerung auch von der Schulmedizin bestätigt wird.[61] Die Samen versammeln auf kleinstem Raum eine Menge Wirkstoffe: an Vitaminen vor allem A, C und E, dazu Eiweiß und nahezu alle mineralischen Stoffe, die in den grünen Teilen der Pflanze vorkommen, weiterhin die für den menschlichen Organismus wichtige Linolsäure – bis zu 30 Prozent des Samengewichts macht diese essenzielle Fettsäure aus – und mehrere Phytohormone, die für die Wirkung der Samen auf Keimdrüsen und Libido verantwortlich gemacht werden. Auch die Milchbildung bei stillenden Müttern soll durch die winzigen Nüsschen angeregt werden.

Nur wenige andere Heilpflanzen sind so intensiv phytochemisch und mikrobiologisch untersucht worden wie die Große Brennnessel. Das liegt an den vielfältigen heilenden Wirkungen, die dem Kraut zumindest seit der Pharaonenzeit – aus der die ältesten Dokumente überliefert sind – bis in die Gegenwart zugeschrieben werden. Wie bei nahezu allen Medizinalpflanzen muss man auch bei der Brennnessel davon ausgehen, dass nicht eine einzelne, analytisch isolierbare Substanz für einen bestimmten positiven Einfluss auf den menschlichen Organismus verantwortlich gemacht werden kann, sondern erst das Zusammenspiel verschiedener Inhaltsstoffe.

Wie bei sehr vielen Kräutern wird man vermutlich auch bei der Großen Brennnessel die genaue Zahl und Art der Einzelsubstanzen, die in dem Kraut enthalten sind oder enthalten sein können, nie vollständig ermitteln. Und ihr Zusammenspiel, auf das es letztlich wohl ankommt, dürfte sich ohnehin nie ganz durchleuchten lassen. Wir leben unabänderbar von einem aus langer Erfahrung gespeisten Vertrauen, auch beim heilenden oder nährenden Umgang mit den Gewächsen. Solches Vertrauen, das manche mit magischen oder transrationalen Bezügen zu deuten versuchen und das andere als bloßen Glauben abtun, wirkt auch bei schulmedizinischen Behandlungen mit, wie wir nur zu gut wissen. Dann bemüht man oft psychologische Einsichten und Erklärungen. Auch die Brennnessel legt uns aber nahe, nicht noch ›das Letzte‹ unwiderlegbar erklären und beweisen zu müssen – was uns nicht daran hindert, möglichst viel wissen zu wollen. Die Durchleuchtung dieser Pflanze kommt an kein Ende, wir werden immer wieder staunen.

Die Kraft der Nessel

In der Kulturgeschichte der Brennnessel haben jahrtausendelang Riten, Beschwörungen, magische Praktiken und feste Alltagsregeln in verschiedenen Kulturen eine bedeutsame Rolle gespielt.

In der so genannten Volksmedizin, die in vielem auf sehr alte, vorchristliche Ursprünge zurückging, waren Beschwörungen im Umgang mit den Heilpflanzen ein wichtiges Mittel, unter anderem, um ein Leiden auf das dafür wirksame Kraut zu übertragen. Man stellte sich vor, dass die Pflanze wegen der ihr eigenen Kräfte die Krankheit gleichsam an sich ziehen könne, wenn man sie mit den richtigen Formeln darum bäte: »So sollte der Fiebernde drei Tage hintereinander, vor Sonnenaufgang und abends nach Sonnenuntergang, zum Nesselhorst gehen und sagen:

Guten Morgen (bzw. Guten Abend), liebe Alte!
Ich bringe die Heiße und Kalte.
Mir soll es vergehen.
Du sollst es bekommen![62]

Ähnliche Beschwörungen sind aus der Magdeburger Gegend belegt. Um das Fieber zu vertreiben, nimmt man »eine Handvoll Salz und sät das in die Brennnesseln. Dabei spricht man:

Ich streue meinen Samen
In neunundneunzigeren Fiebers Namen,
Aber du sollst nicht aufgehen,
Bis daß ich komm und schneid dich ab.[63]

Anderswo lautet die Formel: »Ich streue den Samen durch Christi Blut, es ist für siebenundsiebzigerlei Fieber gut.«[64]

Meistens verband sich der Aberglaube, den wir in der Volksmedizin am Werke sehen, mit durchaus heilkräftigen Rezepturen, deren Wirkung wir auf nachweisbare Inhaltsstoffe in den Pflanzen zurückführen. Das ›Heiße, Feurige‹ im Charakter der Brennnessel etwa konnte auch helfen, erstarrte und vom Frost geschädigte Glieder zu beleben. Dazu sollte man sie mit einem Öl einreiben, in dem man vor Sonnenaufgang gepflückte Brennnesseln erhitzt hatte.

Eine Erkrankung auf die heilende Pflanze zu übertragen, war auch beim Vieh üblich: »Wenn ein Tier die Fußfäule hat, schneidet man im Emmental (Schweiz) ein Stück Rasen aus, nimmt drei Nesseln, zieht sie dem Tier zwischen den Zehen durch, macht einen Schnitt ins Rasenstück, steckt die Nesseln hinein und stellt alles über die Feuergrube und läßt es dorren. Im Birkenfeldischen kennt man gegen die Mauch (Fußkrankheit) beim Vieh folgendes Verfahren: Man bricht durch einen Zaun drei Brennesseln ab und spricht dabei:

Die ist for den Ochs,
Die andere for den Fuß,
Die dritte ist die heilen muß!

Dann wird dem Vieh mit den Brennesseln durch die Klauen gefahren. Die Brennesseln müssen gegen Sonnenaufgang gebrochen werden.«[65] Viele ähnliche Praktiken sind bei anderen Erkrankungen des Viehs belegt.[66]

Die Brennnessel sah man als eine mächtige Abwehrpflanze an. Bereits in der griechischen Antike wurde ihr eine antidämonische Kraft nachgesagt.[67] An den jahreszeitlichen Wendepunkten und Zäsuren, zu denen man die bösen Unholde und Geister vor allem erwartete, räucherte man deshalb Wohnhaus und Stall aus und hängte Brennnesselsträuße auf, die mit ihrer Kraft die bedrohlichen Wesen vertreiben sollten. Diese Bräuche werden aus weit voneinander entfernten europäischen Ländern berichtet.[68] Man legte auch Nesseln unter die Kühe, auf die Melkschemel, an Fenster und Türen.[69] »Zur Walpurgisnacht, wenn es die Unsichtbaren besonders wild treiben, wurden Nesselruten auf den Düngerhaufen gesteckt, oder der Mist wurde sogar damit gepeitscht. Man glaubte, die Hexen würden das am eigenen Leib spüren und es würde ihnen die Lust vergehen, sich am Vieh zu vergreifen.«[70]

Weit verbreitet waren Nesselzauber zur Abwehr von Missgeschick mit Milch und Bier. Aus Osteuropa ist ein solches Ritual überliefert, das angewandt wurde, wenn sich aus der Milch nicht die Butter absondern lassen wollte. Der Bauer ging zu einem Nesselbusch und pflückte eine Rute mit den Worten:

Grüß dich Gott, Nesselstrauch,
Hast fünfzig (Feuer) und kein Rauch
Gib mir den besten Schlüssel
Lass mich aufschließen der Zauberin ihr Schloss

Dass ich kann herausnehmen den Butterkloß
Das helfe mir Gott![71]

Weil man für größere Mengen der Flüssigkeiten keine Kühlung besaß, konnte insbesondere bei schwüler Witterung und bei Gewitterneigung die Milch leicht gerinnen, und das Bier drohte umzuschlagen, sauer zu werden. In beiden Fällen sollte die Brennnessel dem Verlust vorbeugen – man hatte »einen guten Strauß großer Brennessel« auf den Rand des Bierbottichs zu legen bzw. einen Brennnesselzweig in die Milch zu tauchen.[72] »Noch im vorigen Jahrhundert (1902) wurde eine Berliner Milchverkäuferin wegen Lebensmittelverfälschung vor Gericht gestellt, weil sie versucht hatte, auf diese Weise das Gerinnen zu verhindern. Die Angeklagte musste aber freigesprochen werden, da sie ein ›allgemein geübtes Verfahren‹ angewandt hatte.«[73]

Auch sonst sollte die Nessel vor Blitz und Donner schützen. Man hängte am Gründonnerstag – er war, mit einem Restbestand vorchristlicher Religion, noch lange der Tag Donars – einen Nesselstrauß unter dem Dach auf. In Tirol, berichtet Wolf Dieter Storl, sei es heute noch üblich, bei Gewitter Nesselzweige ins Feuer zu werfen.[74]

Forscher haben versucht, die im Volksglauben allgemein verbreitete Verbindung zwischen Brennnessel und Gewitter aus naturkundlichen Einsichten zu erklären. Dass das Kraut gegen das Umschlagen des Biers und das Gerinnen der Milch helfen sollte, meinte man aus der chemischen Wirkung einiger Inhaltsstoffe des Gewächses schlüssig herleiten zu können.[75]

Zu den für uns abergläubischen Bräuchen gehörte auch der

Feldzauber mit Brennnesseln. So war es mancherorts üblich, eine Brennnesselstaude an einer Ecke des Ackers in die Erde zu stecken, wenn Kohl gepflanzt wurde. Das sollte vor Raupenfraß schützen. Und gegen die Plünderung der Ackerfrüchte durch Vögel setzte man ebenfalls an den Feldrand eine Brennnessel und steckte einen Besenstiel mit den Worten ein:

Da Krah, das ist dein,
Und was ich steck', das ist mein![76]

Die Forscher haben viele Bauernregeln zusammengetragen, mit denen man aus dem jeweils beobachteten Wuchs der Brennnesseln Voraussagen auf das Gedeihen der Feldfrüchte und die Ernte herleiten wollte, etwa: »Blühen die Nesseln bald, so muß man bald säen; wie sie blühen, so fällt auch die Dinkelsaat aus; haben sie oben die meisten Samen, so wird die letzte Winterfrucht die beste.«[77] Solchermaßen im Aussehen der Brennnessel zu lesen, rechnen die Sammler und Kulturforscher zur Orakel-Funktion, die der Brennnessel zukam. Hierzu gehören auch jene Proben, bei denen man die Pflanze nutzte, um den Ausgang einer Erkrankung oder des Werbens um eine geliebte Person vorauszusehen.

Magische Riten und Beschwörungen entsprangen einer Lebenswelt, in der die Naturerscheinungen für die Menschen durchwirkt waren von personhaften Zuständen, Eigenschaften und Beziehungen.

Ein Zugang zu solch magischem Denken ist mir bei allem Interesse an der Kulturgeschichte der Vormoderne und der nichteuropäischen Gedankenwelten verwehrt. Aber ich sehe, gerade wenn ich jetzt die uralte gemeinsame Geschichte der Menschen mit der Brennnessel erkunde, wie berechtigt jenes andere Denken und Handeln in einer vergangenen Lebensform war – und wie viele Fragen an unseren vorherrschenden Umgang mit den Naturerscheinungen sich daraus gewinnen lassen.

Als Kind habe ich noch überkommene Praktiken und Denkmuster einer traditionellen bäuerlichen Lebenswelt kennen gelernt. Eine der Szenen, die mir aus ganz frühen Jahren noch vor dem inneren Auge ist, findet auf dem Bauernhof statt, auf dem wir in den letzten Kriegsjahren einquartiert waren: Die Bäuerin hackt hartgekochte Eier und frisch gepflückte Brennnesseln und füttert mit der gelb-weiß-grünen Krümelmischung die Gänseküken.

Sie nutzte dabei die seit alters bekannte, kräftigende Wirkung der Brennnesselblätter im Futter für das Vieh. Erwiesenermaßen steigt die Milchbildung bei Kühen an, die angewelkte oder trockene Nesseln im Futter finden. Bei Hühnern, denen Brennnesseln vorgeworfen werden, färbt sich das Eidotter intensiver gelb. Pferdehändler gaben Nesselsamen in den Hafer, »damit die Pferde ›feurig‹ werden. Sie bekommen zudem davon ein glänzendes Fell.«[78] Heute sehen fürsorgliche Pferdehalter in der Großen Brennnessel einen sehr wichtigen Futterzusatz. Was die Pferdefreunde an positiven Wirkungen einer Beimischung von Nesseln im Futter veranschlagen, kommt den Anwendungen für die menschliche Gesundheit schon nahe.

Allerdings widerspricht es den Regeln und Vorgaben für eine zeitgemäße Landwirtschaft, Brennnesselbestände auf Koppeln, an Wiesen- und Feldrändern nicht nur zuzulassen, sondern sie zu hegen und mit kundiger Hand zu nutzen. Wo man die Nesseln nicht totspritzt, da mäht, grubbert oder häckselt man sie bis zu ihrem Verschwinden.

Dabei könnte man unschwer zur Kenntnis nehmen, dass nicht nur die Nutztiere vom brennenden Kraut profitieren. Brennnesseljauche war und ist eine der besten natürlichen Düngungen. Sie lässt sich sehr leicht herstellen – frisch geschnittene Nesselruten vergären einfach in Wasser – und fördert Wachstum und Ertrag bei Gemüsen und Kräutern, regt das Blühen von Blumen an, ja sie stärkt Weinstöcke, Beerensträucher und Obstbäume.

Unter Gärtnern und biologisch-dynamisch arbeitenden Landwirten kennt nahezu jeder die Anwendung von Brennnesseljauche. Winzer berichten, dass die Jauche heilend auf Rebstöcke wirke, beispielsweise nach einem Hagelschlag. Ein Absud aus gekochten Brennnesseln, also eigentlich ein Brennnesseltee – dem auch etwas Ackerschachtelhalm beigefügt werden kann –, wird gegen Stängelfäule, gegen Pilze und auch gegen Blattläuse und andere Schadinsekten versprüht. Entscheidend bei den Brennnesselanwendungen ist, dass die Substanzen aus der Nessel die Pflanzen stärken. Sie können sich dann gegen die schädigenden Organismen wehren, werden gesünder und üppiger. Einer gekräftigten Pflanze machen auch einige Blattläuse, Zikaden oder Rostviren nicht viel aus.

Hierzulande darf man Brennnesseljauche selbst herstellen, uneingeschränkt verwenden oder auch, mit entsprechender Deklaration, vertreiben. In Frankreich war das vor einigen Jahren anders. Dort brach der legendäre ›Brennnesselkrieg‹ aus.

Ab September 2002 wurde durch einen Beschluss der Nationalversammlung der Verkauf von Brennnesseljauche verboten.

Eher dekorativ als naturgetreu: Große (links) und Kleine (rechts) Brennnessel, Pillennessel (Mitte).

Und ab dem 1. Juli 2006 untersagte ein Gesetz, »staatlich nicht genehmigte Pflanzenextrakte, die das Wachstum fördern oder dem Pflanzenschutz dienlich sind [...] zu verkaufen, zu besitzen und zu benützen«.[79]

Bauern, Winzer, Gärtner, Wissenschaftler protestierten, es kam zu öffentlichen Auseinandersetzungen, die Jahre andauerten, man sprach vom ›Brennnesselkrieg‹. Die Verbote bedeuteten, dass die Medien nicht mehr über die Wohltaten der Brennnessel in der Landwirtschaft berichten durften und dass die Abgabe von Brennnesseljauche nicht legaler war als der Handel mit harten Drogen. Biobauern und Biogärtner sollten stattdessen gar nichts verwenden oder auf synthetische Düngemittel und chemische Spritzmittel umsteigen. Erst im November 2011 hob die Nationalversammlung schließlich den Bann gegen Brennnesseljauche auf.

Dass Auszüge aus Brennnesseln kräftigend wirken, den Ertrag nicht nur beim Gemüse steigern können und auch andere Pflanzen schützen, lässt sich einfach erklären: Der versickernde Flüssigdünger oder der eingeschwemmte Extrakt wird von den Wurzeln der geförderten Gewächse aufgenommen, und anregende, stärkende, die Entwicklung begünstigende Substanzen aus dem reichen Bukett der Inhaltsstoffe des Brennnesselgewebes werden in den Stoffwechsel der gedüngten Pflanzen aufgenommen.

Aber Brennnesseln entfalten auch Wirkungen, die sich naturwissenschaftlich nicht so einfach verstehen lassen. Ich staunte, was sich in meinem Kräutergarten ereignete: Jener Apfelbaum, um den herum ich das *Lustgürtlein* angelegt hatte, trug fast jedes Jahr erstaunlich viele Früchte. Ich hatte Brennnesseln unter ihn gepflanzt, weil ich sein Wurzelwerk bei der Anlage des Gartens nicht stören wollte, sondern es mit einer Wurzelsperre abgrenzte. Da konnten sich die Brennnesseln unter dem Blätterdach ausbreiten, bis an die eingegrabene Barriere, so sind sie ziemlich leicht in Schach zu halten.

Woran ich aber nicht dachte: Ich hatte mir offenbar mit den Nesseln unterm Apfelbaum ein Pflanzenmilieu geschaffen, das dem Hochstamm zu besonders reichem Ertrag verhalf. Mehrfach ist mir ein Ast dieses inzwischen ausladenden Baums heruntergebrochen, weil die Last der Früchte gar zu schwer wurde. Während ich diese Zeilen schreibe, reifen wieder so viele große, schöne Äpfel heran, dass ich mehr als ein halbes Dutzend Stützen unter den am stärksten gebogenen Ästen verteilt habe. Was im Dunst der Brennnesseln hängt, ist unvergleichlich, und dies nicht zum ersten Mal. Offenbar hat ihr bloßes Vorhandensein, ihr Wachstum einen Einfluss auf den Ertrag der Bäume.

Ich frage mich also, wenn ich an den erstaunlichen Einfluss der Brennnesseln auf die Blüten- und Fruchtbildung des Apfelbaums in meinem Kräutergarten denke: Gibt es womöglich eine andere Art und Weise, in der Pflanzen aufeinander einwirken? Tauschen sie sich mit Fähigkeiten und Mitteln aus, die wir mit unseren fünf Alltagssinnen nur nicht wahrnehmen können und für die wir noch kaum Geräte entwickelt haben, um sie zu registrieren und zu verstehen?

Seit einigen Jahrzehnten wird denn doch, mit subtilen Methoden, empfindlichsten Apparaturen, geduldigsten Beobachtungen, den lange verlachten Vermutungen nachgegangen, Pflanzen seien keineswegs niedere Lebewesen ohne Empfindungsvermögen, ohne Gedächtnis, ohne ausgeklügelte Verständigung, ohne emotionale Regungen. Es begann mit zunächst verspotteten Experimenten zu dem Aberglauben, man könne Pflanzen durch Freundlichkeit und Zuwendung in ihrer Entwicklung begünstigen und umgekehrt durch rabiates oder aggressives Verhalten verschrecken und sie gar verkümmern lassen. Die Überzeugung, dass man zu Pflanzen sprechen könne und dass sie etwas davon verstünden, dass sie sogar auf ihre Art zu antworten vermöchten, galt unter vernünftigen Leuten als ein Überbleibsel eines primitiven naturmagischen Denkens.

Über die experimentellen Beweise für eine regelrechte Kommunikation zwischen Menschen und Pflanzen wurde und wird noch immer wieder gestritten.[80] Begründete Zweifel an unserem Verständnis von den Pflanzen kamen ausgerechnet von den exakt messenden und analysierenden Wissenschaften her auf. Man konnte zum Beispiel nachweisen, das Bäume und Stauden in der Lage sind, auf Fress-Schädlinge wie Raupen zielgerichtet zu reagieren, indem sie den chemischen Haushalt ihrer Blätter umstellen, sodass den Invasoren die Blätter nicht mehr munden, ja dass sie die vegetarische Speise nicht mehr verdauen können und regelrecht verhungern oder auch von ihr vergiftet werden.[81]

Solche vergleichsweise leicht erklärlichen Reaktionsweisen von Pflanzen, mit konventionellen naturwissenschaftlichen Methoden nachgewiesen, stellen nur den Beginn von Forschungsergebnissen zu den unbekannten Fähigkeiten und Strategien der Pflanzen dar. So ließ sich etwa, indem man die Experimente zu den chemischen Reaktionen bedrohter oder geschädigter Gewächse erweiterte, zweifelsfrei zeigen, dass die angegriffenen Bäume, Sträucher und Stauden den noch nicht akut befallenen Artverwandten in der Nähe mitteilten, es drohe Gefahr. Die so Informierten stellten ebenfalls ihren Stoffwechsel um, obwohl sie selbst die Erfahrung, geschädigt zu werden, noch gar nicht gemacht hatten.[82]

Es muss also Botenstoffe geben, mit denen sich Pflanzen durch die Luft über drohende Gefahren informieren können – eine Benachrichtigung über Wurzeln ließ sich in den Versuchsanordnungen ausschließen. Man fand schließlich solche Substanzen, etwa die Gase Äthylen und Methyljasmonat, von denen winzige Dosen ausreichen, um gefährdete Pflanzen zu warnen und Abwehrmaßnahmen anzuregen. Man konnte sogar in den Blättern die physiologischen Vorgänge genau ermitteln, die von den Botenstoffen ausgelöst werden. Die erzeugten chemischen Cocktails können für Fressfeinde tödlich wirken. Nicht genug damit: Bei wild lebenden Giraffen und Kudus ließ sich beobachten, dass sie von der Informationsstrategie der als Futterpflanzen beliebten Akazien wissen – bedrohte Akazien produzieren verstärkt unter anderem Tannine, wodurch die Blätter nicht mehr verdaut werden können, die Tiere verhungern bei vollem Magen. Aber die Kudus und Giraffen fressen nur für sehr kurze Zeit an einer Pflanze – solange die Tannin-Produktion noch anläuft – und wandern dann, immer gegen den Wind, zu weiter entfernten Akazien, die noch nicht benachrichtigt sein können.[83]

Doch nicht genug damit: Pflanzen können über Botenstoffe tierische Helfer anlocken, die bedrohliche Fressfeinde vertilgen – die berühmt gewordene Limabohne ruft eine Fleisch fressende Milbe zu Hilfe, die reinen Tisch macht, wenn die Pflanze

»von der überaus gefräßigen Milbe *Tetranychus urticae* angegriffen wird«.[84]

Inzwischen gibt es Messungen zu erstaunlichen Reaktionen beispielsweise von Bäumen, die in einem Areal stehen, wo der Holzeinschlag begonnen hat. Über Entfernungen von mehr als einhundert Metern hinweg, so behaupten einige der frei arbeitenden Experimentatoren, lassen sich elektrisch messbare Veränderungen an unbehelligten Stämmen aufzeigen, wenn ihre Verwandten angegangen und schließlich umgesägt werden. Es wird vermutet, dass die von Axt und Säge verletzten Bäume Nachrichten von der Bedrohung mit besonderen Wellen aussenden.[85]

Solche Deutungen haben unkonventionelle Forscher mit vielen Versuchsanordnungen zu bestätigen gesucht. Es gibt experimentell untermauerte Theorien nicht nur von elektromagnetischen Feldern und Wellen, mit denen Pflanzen untereinander kommunizieren.[86] Viel grundlegender setzt etwa die Theorie von den ›Biophotonen‹ an, von winzigen Lichtimpulsen, die jede lebende Zelle aussende und auf deren Informationsgehalt nicht nur eine jenseits des gewöhnlich Sichtbaren stattfindende Kommunikation zwischen Pflanzen, ja zwischen allen Lebewesen beruhe, sondern auch die unvorstellbar komplexe Information und Steuerung innerhalb jedes Organismus.[87]

Mit dieser Theorie kann man in die Nähe zu denn doch esoterischen Aura-Vorstellungen geraten: Sie postulieren, dass jedes Lebewesen eine unter bestimmten Umständen auch sichtbare, lichtförmige Aura besitze, die etwas über Eigenart und Befindlichkeit des menschlichen, tierischen und auch pflanzlichen Individuums vermittle.[88] In vielen nichtwestlichen Kul-

Der Braunbindige Wellenstriemenspanner (Ortholitha limitata), *hier auf einer besonders schmalblättrigen Unterart der Großen Brennnessel, ist einer der vielen Eulenfalter, deren Raupen Brennnesseln fressen.* Les Papillons dans la nature, *1934.*

turen gehört das Erkennen einer Aura zu schamanischen Riten oder meditativen Praktiken.

Auch wenn ich mich von solchen Vorstellungen fernhalte, frage ich mich nach wie vor, warum der Apfelbaum in meinem Lustgärtlein immer wieder so besonders reich Früchte trägt. Tatsächlich nur, weil Brennnesseln unter ihm wachsen? Ein solcher Einfluss wird ja nicht nur für Obstbäume angenommen: »Beispielsweise reichert sich die Pfefferminze neben der Brennessel mit viel mehr ätherischem Öl an«,[89] ebenso verhält es sich bei Salbei, Majoran, Engelwurz oder Baldrian.[90]

Werden chemische Substanzen über die Wurzelsysteme ausgetauscht? Dann müsste man nur noch die Stoffe ermitteln, mit denen die Brennnesseln andere Pflanzen ›begünstigen‹ – in unserem Sinn. Und sich fragen, was die Brennnessel davon hat, – oder gibt es noch eine andere Kommunikation zwischen Baum und Nesseln? Etwa über geringfügigste Ausdünstungen, vergleichbar jenen Gasen, mit denen sich gefährdete Pflanzen warnen? Soll ich vielleicht gar von einer wellenförmigen oder lichtförmigen ›Nessel-Aura‹ ausgehen? Eine für uns schwer vorstellbare Beeinflussung zwischen verschiedenen Pflanzen annehmen, ein Zusammenspiel, dessen Auswirkung wir zwar erkennen, von dessen Art und Wirkungsweise wir aber nichts wissen?[91]

Die Brennnesseln in meinem Schaugarten geben mir immer noch Rätsel auf. Vorläufig bleibt mir nur, ihnen im Stillen für die reiche Apfelernte zu danken.

Nesselmedizin

Nachrichten von Heilanwendungen, bei denen Brennnesseln verwendet wurden, kommen uns erst aus Zeiten entgegen, als man bereits schrieb. So liefern einige Papyri aus dem Ägypten der Pharaonenzeit Angaben über Kräutermedizin, an erster Stelle das berühmte *Papyrus Ebers* (16. Jahrhundert v. Chr.), in dem über 800 Heilbehandlungen aufgeführt sind. Die Brennnessel wird darin als medizinisches Mittel zwar nicht erwähnt, es kann aber angenommen werden, dass sie gezielt eingesetzt wurde. Ihre ausschwemmende Wirkung war schon damals bekannt. Mittelbar bezeugt das der römische Historiker und Naturkundler Plinius Secundus (23–79 n. Chr.), der von Brennnesselanwendungen in Ägypten berichtet – die Nesselzubereitungen aus Alexandria seien besonders gut –, so gegen Nierensteine, aber auch bei Nasenbluten, Geschwüren, Gelenkschmerzen, Uterusleiden.[92] Es sind keine Rezepte mit Brennnesseln aus dem alten Ägypten überliefert, aber dass die Pflanze zu den vielen damals genutzten Heilkräutern gehörte, ist sicher.[93] Womöglich spielten Brennnesselpräparate auch bei der Mumifizierung eine Rolle – an der Mumie Ramses' II. (ca. 1303–1213 v. Chr.) hat man Pollen einer *Urtica*-Art entdeckt.[94]

Aus der griechischen Antike ist dann die medizinische Verwendung von *Urtica* vielfältig belegt. Hippokrates (ca. 460–370 v. Chr.) und seine Schüler schrieben den Nesseln blutreinigende Wirkungen zu, setzten die Samen bei Lungenleiden und Uterusausflüssen ein, empfahlen Einreibungen mit Nesseln unter anderem bei Haarausfall und Umschläge bei Geschwüren.[95]

Der wichtigste medizinische Autor der Antike, Pedanios Dioskurides, fasste sicherlich die verschiedensten Quellen und Überlieferungen zusammen, in seinem Katalog der Indikationen erscheinen die Große und die Kleine Brennnessel geradezu als Allheilmittel.

Immer wieder schrieben Kräuterkundige, Ärzte und Apotheker die Passage des Dioskurides ab, formulierten um, kürzten, ergänzten, tasteten aber seine Autorität damit nicht an.[96] Deutlich abweichende Angaben und Indikationen stammen meistens aus der mündlich überlieferten Tradition der Volksmedizin, in der oft noch das Fortwirken heidnischer Riten und Beschwörungen zu erkennen ist.

So mischen sich auch die Überlieferungsstränge bei der berühmten Äbtissin Hildegard von Bingen. In ihrem großen Werk zur Heilkunde, *Causae et Curae* (Ursachen und Behandlungen [von Krankheiten]), gab die gebildete Frau Rezepte, Heilanweisungen und Empfehlungen auch zur Verwendung von Brennnesseln. Und auch in ihrem anderen großen naturkundlichen Werk, *Physica,* das von den »verschiedenen Naturen der Geschöpfe« handelt, wird die Brennnessel erwähnt, unter anderem als Wurmmittel, zur Einreibung gegen Vergesslichkeit und als Heilmittel bei Erkrankungen von Pferden.[97] Die oft zitierte Passage zur Behandlung von Vergesslichkeit wird in *Causae et Curae* wiederholt: »Der Mensch, der ohne seinen Willen vergesslich ist, nehme eine Brennnessel, reibe sie zu Saft und gebe ein bisschen Olivenöl dazu. Und wenn er schlafen geht, soll er seine Brust und seine Schläfen damit einreiben und soll das oft tun, und die Vergesslichkeit wird bei ihm nachlassen: Die scharfe Hitze der Brennnessel nämlich und die Wärme des Olivenöls regen die zusammengezogenen Adern der Brust und der Schläfen an, die von wachen Sinnen etwas eingeschlafen sind.«[98]

Erst Jahrhunderte nach Hildegard von Bingen kam es allmählich zu einer erneuerten Heilkräuterkunde. Einer der ersten Vorläufer zu einer neuzeitlich wissenschaftlichen Botanik war der Arzt und lutherische Pfarrer Hieronymus Bock (1498–1554). Sein *Kreütterbuch,* dessen erste Auflage 1539 erschien, markiert – zusammen mit dem Epoche machenden Buch von Otto Brunfels *Herbarum vivae eicones* (*Lebendige Bilder der Kräuter*) von 1530 – den Beginn einer langen Reihe umfangreicher, hervorragend bebilderter Werke, die sich zwar in vielem noch an die antiken Autoritäten hielten, deren Pflanzenwissen aber in hohem Maß auf eigener gärtnerischer Praxis und auf Feldstudien beruhte und deren medizinische Angaben zu einem Teil der eigenen ärztlichen Erfahrung entsprangen.

Geradezu provokativ stellte Bock an den Anfang seines *Kreütterbuchs* – die Brennnessel: »unsere Doctores und Apotheker schemen sich, ein solch gemein Kraut hinter den Zäunen zu holen, und in ihre Recept oder Apotheken zu setzen, dieweil dann gedachte Nessel beyde in den Kuchen und Artzney ihr gewaltige, empfindtliche Würckung beweisen, wie wir dann solches in der Würckung und Krafft der Nesseln hören werden, hab ich sie auch einmal herfür gezogen, und ihnen den ersten platz in disem Buch, damit sie wiederumb in kundschafft kommen, wöllen eingeben.«[99]

Brunfels' und Bocks Werke leiteten die naturgetreue Darstel-

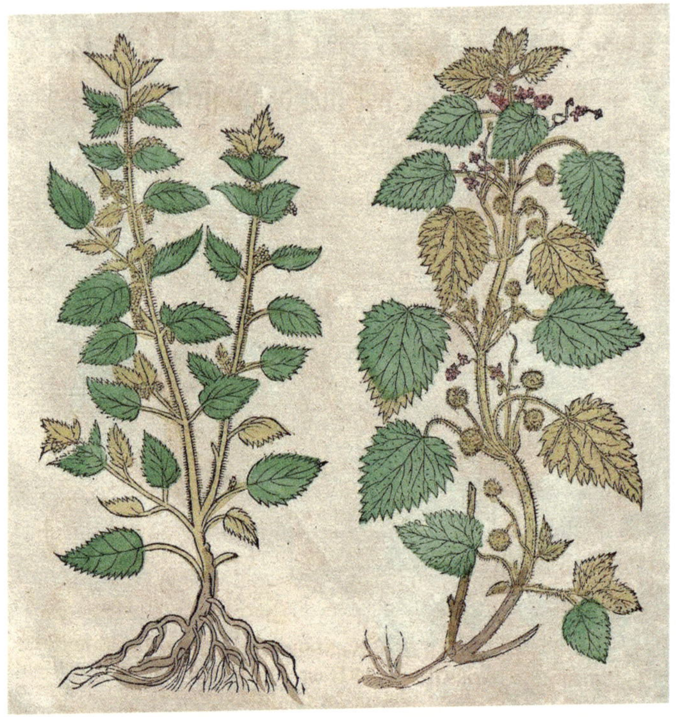

In Hieronymus Bocks Kreütterbuch *(1539) stehen die Brennnesseln an erster Stelle. Links Kleine Brennnessel, rechts Pillennessel.*

lung von Pflanzen ein, die in den folgenden Jahrzehnten mit den sehr umfangreichen Kräuterbüchern von Leonhart Fuchs, Pietro Andrea Matthioli, Adam Lonitzer, Felix Platter, Basilius Besler (*Hortus Eystettensis*), in den unveröffentlichten Florilegien von Johannes Gentmann oder Hans Simon Holtzbecker (*Gottorfer Codex*) und vielen anderen, bis hin zu den grandiosen Pflanzenbildern der Maria Sibylla Merian, entstanden.[100]

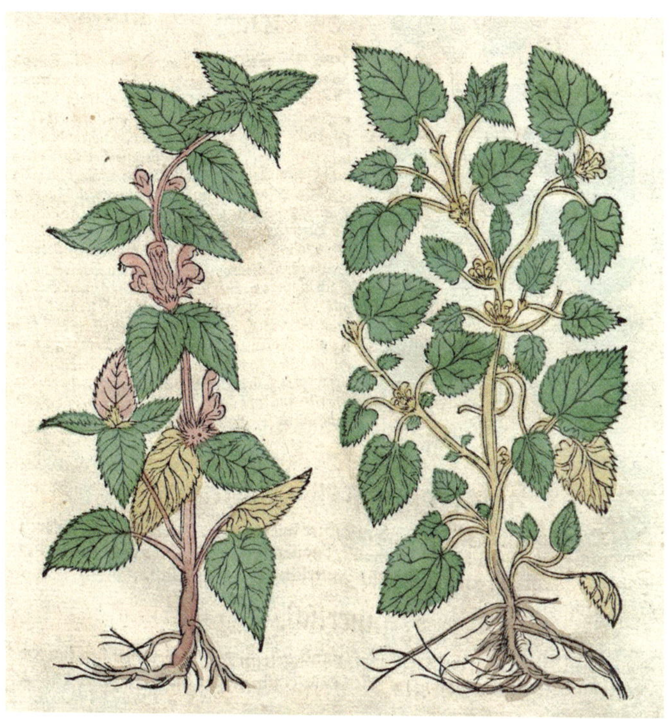

Die Blätter der Gefleckten Taubnessel (links) und Goldnessel (rechts) ähneln denen der Brennnessel. Sie gehören aber in eine andere Familie.

Es dauerte noch geraume Zeit, bis die Verpflichtung auf die antiken Autoritäten sich löste – mit dem Ende des 18. Jahrhunderts war nicht nur das Gebäude einer wissenschaftlich gegründeten Botanik errichtet worden, sondern auch die Medizin hatte begonnen, sich von den Naturwissenschaften her neu zu definieren. Die Kräuterheilkunde geriet dabei allmählich ins Abseits. Sie überdauerte bis nach dem Zweiten Weltkrieg hauptsächlich in nichtakademischen Nischen und mit alternativen Heilverfahren wie etwa der Homöopathie – und in einem ebenso eigensinnig wie alltagspraktisch behaupteten, rudimentären Laienwissen von den Hausmitteln vor allem bei den so genannten einfachen Leuten.

Als in den Sechziger- und frühen Siebzigerjahren erste unabweisbare Einsichten über schwere Schädigungen der Lebensbedingungen auf dem Planeten durch zivilisatorische Errungenschaften das öffentliche Bewusstsein schockierten – Rachel Carsons Buch *Silent Spring* von 1962 gilt als Beginn des allgemeinen Erschreckens –, erinnerte man sich, zunächst im Zuge der Bewegungen für ein naturgemäßes Leben, auch an die Kräuterheilkunde. Es erschienen dann die ersten Hefte und Bücher kräuterkundiger Einzelfiguren.[101]

Ab Mitte der Achtzigerjahre gab es gewissermaßen kein Halten mehr: In immer schnellerer Folge wurden populäre und wissenschaftliche Bücher zum Kräuterwissen und zur Heilkräuterkunde herausgebracht, bald etablierte sich eine auf gelehrte Vorgänger zurückgreifende ›Phytotherapie‹, eine wissenschaftlich abgesicherte Lehre von den Eigenschaften und den Anwendungen der Kräuter.[102] Und auch die Geschichte des Umgangs mit Heilkräutern seit altägyptischer Zeit wurde aufgearbeitet und aufbereitet, unter anderem mit vielen Publikationen zur Klostermedizin.[103] Kräutermedizin und Wildkräuterküche sind en vogue, an Hochschulen werden hie und da Lehrveranstaltungen zur Phytotherapie angeboten, mehrere Heilkräuterschulen haben sich etabliert, aber immer noch ist ein sehr großer Teil der Heilkräuteranwendungen schulmedizinisch umstritten. Und immer wieder versucht die Pharma-

Lobby, Kräuteranwendungen zu diskreditieren oder auch ein behördliches Verbot zu erwirken.

1987 erschien das erste kleine Buch ausschließlich zur Brennnessel als Heilkraut und Speisepflanze,[104] mehr als ein halbes Dutzend weitere Monografien sind bis heute gefolgt. In wichtigen, auch kulturgeschichtlich informativen, kräuterkundlichen Werken gibt es große Kapitel über die brennende Pflanze.[105]

Die Vielfalt der Websites mit Rezepten, heilkundlichen Angaben, kosmetischen Verwendungen lässt sich mittlerweile nicht mehr überblicken, hier stelle ich eine nur kleine Auswahl vor, allerdings ohne Gewähr. Die Angaben sind nicht für eine umstandslose Selbstbehandlung zu verwenden.

Eine mehrtätige Kur mit Brennnesseltee oder verdünntem Saft gilt auch als eine der wichtigsten ›Frühjahrsreinigungen‹: Nach dem Winter, in dem man sich meistens weniger bewegt und weniger frisches Obst, Gemüse und Kräuter isst als in den übrigen Jahreszeiten, brauche der Körper eine Durchspülung. So wie sich die Vegetation frisch und jung erneuere, solle auch der menschliche Organismus sich ›entschlacken‹ und neuen Schwung gewinnen. Kaum eine andere Pflanze unterstütze besser dabei als die Brennnessel.[106]

Bei Nieren- und Blasenerkrankungen und bei Harnwegsentzündungen[107] wird immer wieder empfohlen, mehrmals am Tag Brennnesseltee oder -saft zu trinken.

Man kann den Tee mit getrockneten Brennnesselblättern zubereiten, viel besser sind aber frische Blätter. Wenn man sie kräftig abspült oder kurz mit dem Nudelholz darüber rollt, sind die meisten Brennhaare zerstört. Man braucht lediglich zwei bis drei Teelöffel voll frische, zerzupfte Nesselblätter, am besten von den ganz jungen Trieben, in einer Tasse mit kochendem Wasser zu übergießen und etwa zehn Minuten zugedeckt ziehen zu lassen. Den noch warmen Tee soll man in kleinen Schlucken trinken. Mindestens zwei, besser drei Tassen täglich soll man über mindestens zwei Wochen zu sich nehmen.

Man kann auch zu gleichen Teilen Minze- oder Zitronenmelisseblätter mit Brennnesseln mischen, so erfrischt der Tee auch noch.[108] Für die Heilanwendung bei Nieren- und Blasenleiden geben manche Experten an, die Brennnesselbestandteile noch mit anderen Heilkräutern zu mischen:

Mischung 1: 5 Teile Brennnesselblätter, 3 Teile Goldrute, 3 Teile Zitronenmelisse, 2 Teile Schafgarbenblüten, 2 Teile Ackerschachtelhalm, 2 Teile Birkenblätter

Mischung 2: 3 Teile Brennnesselblätter, 3 Teile Orthosiphonblätter, 2 Teile Birkenblätter, 3 Teile Hauhechelwurzel

Mischung 3: 2 Teile Brennnesselblätter, 2 Teile Birkenblätter, 2 Teile Hauhechelwurzel, 2 Teile Queckenwurzel, 1 Teil Wacholderbeeren, 1 Teil Liebstöckelwurzel[109]

Man nimmt jeweils 2 Teelöffel pro Tasse, lässt zehn Minuten zugedeckt ziehen und trinkt zwei bis drei Tassen am Tag. Angeraten wird, zusätzlich mindestens zwei Liter stilles Mineralwasser, Obstsäfte oder andere Kräutertees zu trinken.

Brennnesselsaft kann man selbst herstellten: Zwei Handvoll frisch geerntete Brennnesselblätter gut abwaschen, etwas zerkleinern und in den Entsafter geben. Der Saft soll täglich frisch zubereitet werden. Entweder nimmt man dreimal täglich einen Esslöffel voll Saft zu sich, oder man verdünnt ihn mit Wasser oder Obstsaft (etwa 1:5 bis 1:10) und trinkt dreimal täglich ein Glas der Mischung über drei bis vier Wochen.

Das sprichwörtliche ›Zipperlein‹ kursiert heute als leicht verharmlosende Benennung für allerlei körperliche Beschwerden. Ursprünglich meinte das Wort aber die entzündliche und degenerative Vergrößerung der Gelenke an den Großen Zehen. Diese Gelenkveränderungen können sehr schmerzhaft sein, die Beweglichkeit im Fuß stark einschränken und daher zu einem trippelnden Gang führen (mittelhochdeutsch *zipfern, zipfen* = trippeln).

Solch eine Gelenkarthrose oder -arthritis zählt zu den rheumatischen Erkrankungen. Sie befallen in unterschiedlichen Formen den Bewegungsapparat (Gelenke, Sehnen, Muskeln) und gehen zum Teil auf Stoffwechselveränderungen zurück, etwa auf die Ablagerung von Harnsäure-Kristallen in den Gelenken. Auch die Gicht zählt zu diesen meistens langwierigen, kaum wirklich heilbaren Leiden.

Brennnesseltee steht in dem Ruf, bei Gicht und Rheuma solche Linderung zu bewirken. Von Brennnesseltee soll man drei bis vier Tassen pro Tag trinken. Eine Anti-Rheuma-Kur muss man vier bis sechs Wochen durchhalten. Stellt man selbst Frischsaft her, wird als Tagesdosis drei Mal ein Esslöffel voll angegeben, wenn man aus 1 Kilo Kraut ungefähr einen halben Liter Saft gewonnen hat.[110]

Gegen verschiedene rheumatische Leiden, besonders aber gegen akute Arthritis und Gichtanfälle, führen schon antike Autoren eine äußerliche Behandlung mit Brennnesseln an.

Beispiele der ersten naturgetreuen Abbildung: Weiße Taubnessel und Große Brennnessel in Otto Brunfels Kräuterbuch Lebendige Bilder der Kräuter, *1530.*

Früher wurden solche Erkrankungen oft ›Podagra‹ (griech. *pous* = Fuß, *agra* = Fang, Beute, auch Fessel) genannt.

Auch heute wird häufig empfohlen, schmerzende Gelenke und Sehnen mit einer Brennnesseltinktur einzureiben. Solcher ›Brennnesselgeist‹ wird aus frischen jungen Blättern hergestellt: Man stopft die gesäuberten Blätter halbhoch in ein Glas mit weitem Hals und füllt mit vierzig- oder fünfzigprozentigem Alkohol auf. Dieser Ansatz soll vier bis fünf Wochen an einem sonnigen und warmen Platz stehen (bei etwa 30 Grad). Dann seiht man ab und füllt die Tinktur in eine dunkle, fest verschließbare Flasche.[111]

In der Tinktur sind vor allem die Wirkstoffe der Brennhaare enthalten. Deswegen geben manche Rezepturen an, man solle Blätter der Kleinen Brennnessel verwenden, sie enthalten stärkere Konzentrationen der Nesselgifte. Trägt man die Tinktur auf die Haut auf, wird die Durchblutung extrem angeregt. Dadurch steigt der Stoffwechsel in den benachbarten, betroffenen Geweben, und Entzündungen können gelindert werden.

Hie und da wird auch geraten, die schmerzenden Gelenke direkt mit Brennnesselblättern einzureiben. Das erfordert einige Überwindung, aber der brennende Schmerz verwandelt sich schnell in eine intensive Wärme, die behandelte Stelle rötet sich, weil die Durchblutung ansteigt. Die so traktierte Hautpartie darf längere Zeit nicht mit kaltem Wasser in Berührung kommen.

Noch heftiger wirkt die uralte Methode, geschwollene Gelenke, Partien mit Ischias-Schmerzen oder verspannte Muskeln mit Brennnesselruten zu peitschen. Diese Behandlung heißt ›Urtifikation‹, abgeleitet vom lateinischen Namen der Nessel.

Etwa die Kneipp-Heilkunde kennt diese Anwendung. Man muss dabei nicht wirklich peitschen, schon wenn man die betroffenen Stellen ganz leicht mit einem kleinen Nesselstrauß schlägt, dringt das Nesselgift in die Haut ein. Der wärmende Effekt starker Durchblutung hält für viele Stunden an – sollte auch hier kein kaltes Wasser an die Haut kommen. Höchstens drei Tage hintereinander darf man sich einer solchen ›Auspeitschung‹ aussetzen.

Jenen antiken Hinweis, dass bei Haustieren, wenn sie keine Neigung hätten zu kopulieren, die Genitalien mit Brennnesseln geschlagen werden könnten, sollte man auf sich beruhen lassen. Allerdings muss ich noch einmal erwähnen, dass die antiken Autoren in der Brennnessel einen Libidoverstärker sahen, genauer: in den Samen, den winzigen ›Nüsschen‹, die im Spätsommer und Frühherbst in dichten Trauben an den Blattachseln der weiblichen Pflanzen hängen. Es kursierten in der Antike auch andere Rezepte. Auf sie bezieht sich Ovid in seiner *Liebeskunst:*

Oder sie mischen mit Pfeffer den Samen der beißenden Nessel;
Gelbliches Bertramkraut reiben sie sich in den Wein.
So lässt nicht die Göttin zu ihren Freuden sich zwingen,
die an des Eryx Höhn wohnt an dem schattigen Hang.
Glänzende Zwiebel, welche Alkathous' griechische Stadt schickt,
und vom Garten das Kraut, das die Libido entfacht,
Eier nehme man auch, man nehme hymettischen Honig,
und die Nuss, die als Frucht stachliger Pinien wächst.

[übersetzt von Niklas Holzberg]

Die moderne Pharmakologie hat längst herausgefunden, dass die männlichen wie die weiblichen Keimdrüsen durch den erstaunlichen Mix an Vitalitätsstoffen der Körnchen angeregt werden.

Deshalb werden die Brennnesselsamen gepriesen, sie seien dem teuren ostasiatischen Ginseng gleichwertig.[112] Mit Sicherheit stärken sie die Abwehrkräfte gerade in der dunkeln Jahreszeit, wirken allgemein anregend und kräftigend, und bei stillenden Frauen sollen sie die Milchbildung fördern. Erntet man sie im Herbst selbst von Nesselbeständen, die nicht durch Straßenstaub oder verwehte Pflanzengifte kontaminiert sind, kann man von den getrockneten Stängeln leicht Mengen anstreifen, die viele Monate lang für einen Esslöffel voll pro Tag ausreichen, für eine kostenlose Stärkung des Immunsystems.

Klinisch bestätigt wurde aber inzwischen, dass Substanzen der Brennnesselwurzel die Folgen des häufigsten Leidens alternder Männer abmildern, der Prostata-Vergrößerung. Wenn die Vergrößerung gutartig bleibt und die Beschwerden erträglich sind, helfen Präparate mit einem Extrakt aus Brennnesselwurzeln, oft in Verbindung mit Auszügen aus der Sägepalme und auch aus Kürbiskernen. Man kann den Wurzelauszug auch selbst herstellen.

Brennnesselanwendungen werden von Heilkundlern auch noch zur Behandlung einer ganzen Reihe von Erkrankungen aufgeführt, so gegen Verbrennungen (Umschläge mit Brennnesseltinktur), zur Wundheilung, auch bei Geschwüren (Tinktur, Wundgel mit Brennnesselkraut), bei Zahnfleischentzündung (Spülung mit Brennnesseltee, Einreiben mit Brennnesselsaft), gegen milde Diabetes (Teemischungen mit Brennnessel- und

Löwenzahnblättern, Schafgarbe, Tausengüldenkraut und Klettenwurzel), auch gegen prämenstruelles Syndrom und Menstruationsbeschwerden (Teemischungen mit Brennnessel- und Himbeerblättern, Schafgarbe, Frauenmantel, Ringelblumen und Hirtentäschel; zerstoßener Brennnesselsamen), gegen Bluthochdruck (Brennnesseltee und -saft), bei Verdauungsstörungen und Gastritis (Brennnesseltee und -gemüse, Teemischung mit Eisenkraut, Thymian, Minze, Fenchelsamen und Brennnesselblättern), bei verschiedenen Hauterkrankungen (Frischsaft, Brennnesseltee, Auflagen mit einem Sud aus zerquetschten, kurz gekochten Brennnesselsamen oder mit Brennnesseltinktur) und sogar bei Milzleiden (Brennnesseltee).[113]

Diese und noch andere »traditionelle Anwendungen« stuft die Schulmedizin als »wenig überzeugend« ein, es gebe keine klinisch nachgewiesenen Erfolge.[114] Dass aber allgemein Brennnesselblätter (also auch Auszüge und Tinkturen) leicht entzündungshemmend und schmerzstillend wirken, dass sie bei Wunden, Ekzemen und Ausschlägen die Immunabwehr stärken können, dass sie – innerlich angewendet – bei entzündlichen Prozessen zu helfen vermögen und regulierend auf manche Stoffwechselprozesse und hormonellen Schwankungen wirken, ist nicht abzustreiten. Wolf-Dieter Storl nennt die Brennnessel schlicht »den großen Heiler«.[115]

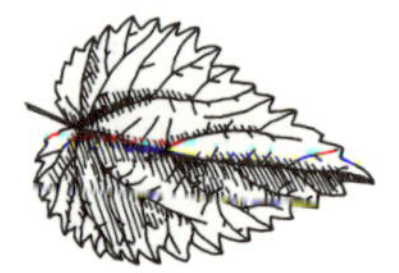

Nesselessenzen

Brennnesseln liefern auch kosmetische Mittel. Eine Kur mit Brennnesseltee, wie er zur Blutreinigung empfohlen wird, soll auch bei Akne helfen. Zudem könne man unterstützend die Haut immer wieder mit heißem Tee oder mit Brennnesseltinktur reinigen.[116] Auch Brennnesselbäder werden angeraten, um die Haut zu pflegen. Man kocht eine Handvoll Blätter und auch Blüten in einem Liter Wasser etwa zehn Minuten lang. Den abgeseihten Sud gießt man in das warme Badewasser, dem man auch ein paar Tropfen Lavendel-, Rosmarin- oder Latschenkieferöl zusetzen kann.[117]

Für vielerlei Gesichtsmasken mit Brennnesseln zur Schönheitspflege sind Vorschläge und Rezepte zu haben,[118] und sogar gegen Zellulitis sollen Brennnesselbäder und Massagen mit Öl, dem etwas Brennnesselessenz zugesetzt ist, hilfreich sein.[119]

Seit Jahrtausenden gehören zu den Brennnesselanwendungen Wohltaten für das Haar. Spülungen mit einem Brennnesselaufguss, der wie Tee angesetzt wird, soll man dem Haar gönnen. Wenn man Brennnesseltinktur mit ein wenig Ringelblumen- oder Johanniskrauttinktur mischt und einige Tropfen ätherisches Öl (Lavendel, Rosmarin) zugibt, erhält man ein Haarwasser, das man gegen Schuppen und trockene Kopfhaut einmassiert. Auch Brennnesselwurzel-Essig soll helfen: Getrocknete oder frische Brennnesselwurzeln zerschneiden, in ein Schraubglas füllen und mit Apfelessig übergießen, bis alle

Wurzelteile bedeckt sind. An einem hellen, warmen Ort mindestens drei Wochen lang ziehen lassen. Dann abseihen und in eine dunkle Flasche füllen. Die Essenz wird, eventuell ein wenig verdünnt, tropfenweise in die Kopfhaut einmassiert, kann auch für eine Spülung (1:10 in Wasser) verwendet werden.[120] Naturwarenläden und Reformhäuser bieten verschiedene Brennnesselshampoos an.

Man kann diese auch selbst verfertigen, gegen Haarausfall kann jedoch auch das brennende Kraut nichts ausrichten.

Vom Notgemüse zur grünen Delikatesse

Die Brüder Grimm schoben von der sechsten Auflage (1850) ihrer *Kinder- und Hausmärchen* an eine Märchenerzählung ein: In *Jungfrau Maleen* wird von einer Prinzessin erzählt, die einen Prinzen liebt und sich der Heirat mit einem ungeliebten Mann widersetzt. Der zornige König lässt sie, zusammen mit einer Zofe, für sieben Jahre in einen Turm einmauern. Als die Vorräte zur Neige gehen und die Haftzeit sich dem Ende nähert, können die beiden Frauen sich befreien und finden ein zerfallenes Königreich vor. Sie wandern durch das zerstörte Land und ernähren sich von Brennnesseln. Sie gelangen schließlich an ein Schloss, es ist der Hof des geliebten Prinzen. Dort wird Maleen unerkannt als Magd geduldet. Der Prinz soll eine hässliche, bösartige Braut heiraten. Die aber zwingt, weil sie sich ihres Aussehens wegen nicht öffentlich zeigen will, die schöne Maleen dazu, an ihrer Stelle bei der Trauzeremonie die Braut zu spielen. Während des Hochzeitszugs spricht Maleen eine Brennnessel an, außerdem den Kirchsteig und das Kirchentor. Der Prinz fragt nach, sie antwortet, sie habe an die Jungfrau Maleen gedacht. Da schenkt er ihr ein kostbares Geschmeide. Am Abend, als er die verschleierte hässliche Braut noch einmal nach ihren Worten und nach dem Geschmeide fragt, muss sie die Täuschung zugeben. Ihrer Intrige, mit der sie Maleen dem Henker überantworten will, kommt der Prinz zuvor. Er erkennt in Maleen seine verloren geglaubte, geliebte Braut, die intrigante Gegenspielerin wird geköpft, der Prinz und Prinzessin Maleen werden ein glückliches Paar.

In der Grimm'schen, von den Herausgebern stark bearbeiteten Fassung sind Reste der vermutlich niederdeutschen Urfassung stehen geblieben. So spricht Maleen, als sie zur Kirche geführt wird, den Brennnesselbusch mit einem Poem an:

Brennettelbusch
Brennettelbusch so klene,
wat steist du hier allene?
Ik hef de Tyt geweten,
da hef ik di ungesaden
ungebraden eten.[121]

Jenseits jedes kruden lebensweltlichen Realismus teilt die märchenhafte Erzählung gleichsam nebenher mit, dass die Brennnesseln darin als Notration zu erkennen sind, dass sie »ungesotten und ungebraten« gegessen werden mussten. Die Nesseln wurden also nicht generell nur in der äußersten Not zur Speise, für gewöhnlich aber kochte oder briet man sie. Lediglich wenn man sie roh essen musste, war dies ein Indiz für eine Notlage.

Was das Märchen da zu verstehen gibt, gehört in eine vormoderne Zeit, in der die Menschen sich auch an den Wildpflanzen ihrer Umgebung bedienten. Vieles von der unglaublichen Vielfalt in der ›nahrhaften Landschaft‹[122] geriet danach in Vergessenheit. Allenfalls griff man in größter Not wieder zum brennenden Kraut – Zeitzeugen sollen berichtet haben, dass es im Osten Deutschlands unmittelbar nach dem Zweiten Weltkrieg Regionen gab, in denen man kaum noch Brennnesseln fand:

Das Notgemüse – die Speise der Jungfer Maleen. Große Brennnessel von Ferdinand Bernhard Vietz, 1804.

So gründlich war abgeerntet worden, um Gemüse im Topf zu haben.[123]

Dabei bietet sich die Brennnessel keineswegs nur als Notgemüse an. »Verglichen mit Kopfsalat, enthält sie das Fünfundzwanzigfache an Magnesium, das Vierzehnfache an Kalzium und das Fünfzigfache an Eisen.«[124] Bis zu 30 Prozent des Gewebes bestehen aus Proteinen, der Gehalt an Vitamin C übertrifft den von Orangen weit, von den übrigen Vitaminen, Spurenelementen, organischen Säuren und Phytohormonen gar nicht zu reden. Auch der Nährstoff- und Wirkstoffgehalt von Spinat nimmt sich dürftig aus gegenüber der Brennnessel.[125]

Dennoch wäre bis vor kurzer Zeit kaum jemand darauf verfallen, Brennnesselblätter auf den Speiseplan zu setzen. Das hat sich, nachdem in den letzten beiden Jahrzehnten auch die Brennnessel für die Wildkräuterküche wiederentdeckt worden ist, gründlich geändert. Selbst Spitzenköche setzen sie in raffinierten Zubereitungen ein.

Nun werden die Blätter sogar roh verwendet, oft enthalten freilich die Rezepte die Angabe, die Blätter kurz in kochendem Wasser zu blanchieren. Das zerstört nicht nur zuverlässig die Brennhaare, sondern erweicht auch das relativ feste Gewebe ein wenig, das im Mund leicht körnig wirken kann.

Grüne Delikatessen

Feiner Eiersalat mit Brennnessel-Senf-Dressing

8 frische Eier, 200 g Biojoghurt, 2 TL Senf, Salz, weißer Pfeffer, 2 EL Balsamico, eine Handvoll Brennnesselblätter

Eier hartkochen, schälen und in Scheiben schneiden. Joghurt, Senf, Salz, Pfeffer und Balsamico zu einer Marinade verrühren. Die Brennnesselblätter evtl. kurz in kochendem Wasser blanchieren (2–3 Minuten) oder mit dem Nudelholz darüber rollen, fein hacken und unter die Marinade heben. Die Eierscheiben auf einer Salatplatte anrichten und mit der Marinade übergießen.[126]

Brennnesselsuppe

1 mittelgroße Zwiebel, 1 gehäufter EL Mehl, 1 Tasse Milch, 1½ Liter Gemüsebrühe oder Fond, 4–6 Tassen grob gehackte Brennnesselblätter, zum Abschmecken Salz und Pfeffer

Die Zwiebel in kleine Würfel schneiden und in etwas Butter oder Öl andünsten; mit dem Mehl anschwitzen und dann portionsweise mit der Milch ablöschen, so dass eine glatte Masse entsteht; nach und nach mit der Brühe oder dem Fond auffüllen und etwa 10 Min. köcheln lassen; zum Schluss die Brennnesselblätter zugeben, noch einmal 10 Min. sanft köcheln lassen. Beim Servieren ein wenig gehackten Kerbel oder Petersilie darüberstreuen.

Gebackene Brennnesselblätter im Teigmantel

20–30 jüngere, aber große Brennnesselblätter;
125 g Mehl, ¼ l helles Bier, 1 Eigelb,
1 Prise Salz, 1 Prise Muskat

Brennnesselblätter waschen, trocken tupfen, leicht salzen und ziehen lassen. Gewöhnlichen Pfannkuchenteig oder Bierteig (aus den Zutaten einen dickflüssigen Teig anrühren, dann vorsichtig Öl und Eiweiß unterheben) zubereiten, die Brennnesselblätter eintunken und bei mittlerer Hitze goldbraun ausbacken.[127]

Austernpilz-Brennnessel-Omelette

2 Zwiebeln, 600 g Austernpilze, 80 g (3–4 Handvoll)
Brennnesselblätter, 8 Eier, 2–3 EL Pflanzenöl,
1 Knoblauchzehe, Salz, weißer Pfeffer

Die Zwiebeln schälen und in feine Würfel schneiden; die Austernpilze waschen, trocken tupfen, putzen und in schmale Streifen schneiden. Die Zwiebel im Öl andünsten, die Austernpilzstreifen zugeben und bei mittlerer Hitze ca. 10 Min. dünsten, mit gepresstem Knoblauch, Salz und Pfeffer abschmecken. Die Brennnesselblätter gut waschen, trocken tupfen und fein hacken; die Eier verquirlen und die gehackten Nesseln zugeben. Die Masse über die Austernpilze gießen und das Ganze bei schwacher Hitze stocken lassen. Das Omelette nach 6–8 Min. umdrehen und fertig braten, in 4 Portionen aufteilen.[128]

Brennnessel-Aligot

1 kg fest kochende Kartoffeln; 200 g Brennnesselblätter (1 große Schüssel voll junge Triebe); 400 ml Sahne, 20 g Butter, 400 g Tomme (ersatzweise 200 g junger Gouda, gerieben, und 200 g Mozzarella, gewürfelt), Meersalz, weißer Pfeffer, Muskat, 1 zerdrückte Knoblauchzehe

Die Kartoffeln kochen, noch warm schälen und zu einem Püree zerdrücken. Die Brennnesselblätter blanchieren, abgießen, pürieren und abkühlen lassen (es sollte 100 g Brennnesselpüree ergeben). Das Brennnesselpüree und die Sahne unter das heiße Kartoffelpüree ziehen, die Butter und nach und nach den Käse dazugeben und so lange kräftig rühren, bis der Käse Fäden zieht. Mit Salz, Pfeffer, Knoblauch und Muskat würzen.[129]

In den einschlägigen Büchern und im Internet finden sich unzählige weitere Rezepte, für Brennnesselgemüse, -suppen, -pasta, -aufläufe, -lasagne, -teigtaschen, -quiche, für Brennnesselbrot und -brötchen, Aufstriche, Dips, Cremes, Gebäck und anderes mehr. Kurz: Das geschmähte brennende Kraut ist in der Wildpflanzenküche hoch geachtet und für überraschende Kreationen gut.

Jetzt im Frühherbst, da ich dieses Buch abschließe, treiben die Brennnesseln mit jungen Seitentrieben noch einmal aus. Besonders dort, wo ich immer wieder einmal geerntet und dafür die oberen Teile der Nesselruten gekappt habe, hat sich, begünstigt vom milden, sonnigen September, ein dichtes Blattwerk an den Stauden entfaltet, das sich geradezu anzubieten scheint, für die Küche gepflückt zu werden. Ich schneide mir fast täglich ein oder zwei Hände voll der jungen Triebspitzen (die obersten 2 bis 3 Blattetagen) mit den besonders zarten, relativ kleinen Blättern und stelle im Nu daraus einen Smoothie her.

Grundrezept für Brennnessel-Smoothies

1 mittelgroßer Apfel, ½ Birne, 1 Banane,
2 Handvoll Triebspitzen mit jungen Blättern der Brennnessel

Die Brennnesselblätter gut waschen und in kochendem Wasser ganz kurz blanchieren (1 Min.), etwas zerzupfen und in einen leistungsfähigen Mixer geben.

Das Obst in grobe Stücke schneiden, zu den Brennnesseln geben, evtl. mit 1 dl Wasser oder sehr gutem Obstsaft die Mischung auf höchster Schaltstufe pürieren.

Dann erst mit Wasser oder mit Obstsaft zur gewünschten Konsistenz auffüllen und mit dem Impulsschalter kurz durchquirlen. Der Smoothie soll eine sämige Flüssigkeit sein.

Dieses Grundrezept lässt sich mit den verschiedensten Zutaten nahezu beliebig variieren und je nach Geschmackspräferenzen mit den unterschiedlichsten Noten versehen. Neben allerlei Obstsorten – von Mango bis Maracuja und Melone, von Orange bis Granatapfel und Limette, von Ananas bis Pfirsich oder Brombeeren – kann man mit Gemüsezutaten experimentieren: Rote Beete, Sellerie, Spinat, Möhrenkraut, Gurke, Kohl. Vor allem aber stecken Kräuter und Gewürze dem Smoothie Aroma-Lichter auf: Giersch (spinatähnlich); Löwenzahn (leicht bitter), junge Lindenblätter (frisch grün), Taubnessel, Petersilie, Schafgarbe (etwas bitter), Gundermann (sehr herb), Vogelmiere (nussig), Fenchelkraut (anisig), Sauerampfer. Von den exotischen Gewürzen steht Ingwer an erster Stelle, dann bieten sich Vanille, Kardamom, auch Kakao, Kaffeebohnen, Kurkuma und Pfeffer an.

Die Puristen unter den Smoothie-Liebhabern nehmen nur gutes Wasser; um den dickflüssigen Mix aufzufüllen, gebe ich mindestens zur Hälfte Saft zu. Für die andere Hälfte Leitungswasser oder Buttermilch. Zur Krönung nehme ich einen Esslöffel voll Preiselbeerkompott.

Ein großes Glas Smoothie (0,4 Liter) vermag fast eine halbe Mahlzeit zu ersetzen, vor allem gegen Abend, so gehaltvoll ist der grüne Mix. Man muss ihn frisch trinken, nur dann hat man etwas von der ganzen Rasanz der Aromen.

Nicht nur mit der Smoothie-Mode entsteht der Anschein, als habe es die Brennnessel, das verwünschte, verachtete und gemiedene Kraut, nun endlich geschafft, als sei sie zu einer geschätzten, ja von vielen regelrecht gepriesenen und bewun-

Ein Blatt wie aus dem Poesiealbum: Blatt, Fruchtstände und Pflanze der Großen Brennnessel. Pierre Bulliard, Flora Parisiensis, *1776–1783.*

derten Pflanze geworden. Der Fluch, der in der Bibel mit ihr verbunden war, sei aufgehoben, die Missachtung, die sich noch an Kunst und Literatur ausmachen lässt, weiche dem Erstaunen über die vielfältig nutzbaren Eigenschaften, Bestandteile und Inhaltsstoffe des unscheinbaren, aber wehrhaften Gewächses. Bis in die Felder der Schulmedizin sind inzwischen ihre mancherlei Heilkräfte anerkannt, die Kochkunst hat sie in ihre Tempel aufgenommen, in der bunten Szene der Naturkost-Bewegung und der sanften Heilverfahren zählt sie zu den wichtigsten Kräutern, in der biodynamischen Garten- und Landbau-Kultur setzt man sie immer mehr ein, ihre Zuchtformen – die Fasernesseln – nähren Erwartungen auf einen Beitrag zur ökologisch verträglichen und nachhaltigen Bekleidungs- und Werkstoffproduktion. Kurz: Die Brennnessel wird beinahe als eine Art Universalgenie in der Pflanzenwelt gefeiert.

Aber lassen wir uns nicht täuschen: Die meisten Gärtnerinnen und Gärtner hassen sie, merzen sie aus; in der konventionell arbeitenden Landwirtschaft wird sie beseitigt, wo immer es geht; die Straßenbauverwaltungen, Platzwarte, Grünämter, Bahnmeistereien mähen sie nieder oder spritzen sie tot, wenn sie einmal irgendwo Fuß gefasst hat; selbst der Naturschutz beäugt sie mancherorts misstrauisch, wenn sie für einige Zeit im Zuge der Sukzession große Flächen besetzt. Nicht nur in der Stadtbevölkerung wissen die wenigsten von ihren Qualitäten, sie gilt als lästig, hässlich, als ärgerlicher Eindringling und nutzloser Quälgeist. Bis Unwissenheit, Unmut und Geringschätzung einer breiten Akzeptanz und einer kundigen Nutzung weichen, ist es noch ein langer Weg.

Die Nessel kümmert das nicht. Sie sucht weiter die Nähe zu den Menschen, siedelt sich an, wo sie ein Fleckchen ergiebige Erde findet, verspricht denen, die sie zu nutzen wissen, vielerlei Gewinn. Sie lässt nicht ab, uns davon zu überzeugen, dass die Verfluchung, die einst biblische Propheten an sie hefteten und die in unseren säkularisierten Köpfen immer noch nachwirkt, ein fataler heilsgeschichtlicher und naturkundlicher Irrtum war. Sie kann noch mehr sein als eine Heilerin, Ernährerin, Faserlieferantin, Gartenhelferin, ökologische Verbündete – wenn wir sie noch besser zu verstehen lernen, wenn wir uns noch aufmerksamer ihr nähern, könnte sie auch unsere Lehrmeisterin für ein gewandeltes Naturverständnis werden.

Portraits

Die Familie der Nesselgewächse (Urticaceae) ist riesig: In etwa 55 Gattungen werden über 2500 Arten verzeichnet. Sie kommen, außer in arktischen Gebieten und regelrechten Wüsten, in allen Klimazonen und Landschaftstypen vor. Die Gattung der eigentlichen Brennnesseln (Urticeae) versammelt etwa 60 Arten, die alle Brennhaare besitzen und ursprünglich in den gemäßigten Zonen der Erde beheimatet sind. Manche wurden durch die Menschen auch außerhalb ihrer Herkunftsgebiete verbreitet.

Die Taxonomen, die Experten für die Systematik im Pflanzen- und Tierreich, sind sich oft nicht einig, wie einzelne Arten den verschiedenen Gattungen zugerechnet werden sollen. Deswegen kann eine bestimmte Art unter mehreren Gattungsbezeichnungen beschrieben werden.

Große Nessel
Urtica dioica

Common nettle

La grande ortie

Das Allerweltskraut, die Wunderpflanze mit ihren vielen vergessenen, verkannten und allmählich wiederentdeckten Qualitäten. Neben Disteln, Beifuß, Rainfarn, Johanniskraut, Königskerze und vielen anderen Wildkräutern gehört sie zu den so genannten Ruderalpflanzen, den Erstbesiedlern von freien ›wilden‹ oder aufgelassenen Flächen. Zwar liebt sie stickstoffreiche Böden im Halbschatten, nimmt aber auch mit anderen Standorten vorlieb und bleibt notfalls eben kleiner, erreicht nicht ihre durchschnittliche Höhe von 1,50 bis 2,50 Metern. Die einzelne Nesselstaude wird bis zu 20 Jahre alt, treibt in jedem Frühjahr frisch aus dem Wurzelstock aus.

Es gibt männliche und weibliche Pflanzen, also Exemplare mit männlichen, Pollen tragenden Blüten und andere mit weiblichen, Frucht bildenden Blüten. Zum Bestäuben bedient sich die Große Brennnessel des Windes: Die reifen Pollenkapseln platzen fast gleichzeitig auf, die Wolken des Pollenstaubs gehören zu den spektakulären Schauspielen im Pflanzenreich.

Seit über 30 000 Jahren nutzten die Menschen ausschließlich die wilden Brennnesseln als Faserlieferanten, als Speise- und Heilpflanze, als Aphrodisiakum, als Zaubermittel, Ritualgewächs und Symbolträger. Seit wenigen Jahrzehnten aber hat man, nach sehr langwierigem Bemühen, die Große Brennnessel zu einer kultivierten Nutzpflanze gezüchtet, die nun der menschlichen Obhut und Fürsorge bedarf, um Fasern und viele andere zu verwertende Bestandteile zu liefern.

Kleine Nessel
Urtica urens

Dwarf nettle

Petite ortie

Die kleine Brennnessel trägt ihren Namen, vergleicht man sie mit ihrer nahen Verwandten, nur zu Recht: Sie wird höchstens 60 Zentimeter hoch, treibt oft nur einen einzigen, wenig verzweigten Stängel aus der Wurzel und wirkt ausgesprochen zierlich. Auch sie gehört zu den Ruderalpflanzen, allerdings zur kurzlebigen Vegetation auf Schuttplätzen, Ackerrandstreifen, verwüsteten und verlassenen Nutzflächen. Denn sie zählt zu den einjährigen Pflanzen: Das Kraut lebt nur eine Saison lang vom Frühjahr bis in den Herbst, samt sich aus und stirbt dann ab.

Anders als das wüchsigere, große Brennkraut trägt die Kleine Brennnessel männliche und weibliche Blüten auf ein und derselben Pflanze. Ihre Samen, die winzigen Nüsschen, kann man essen. Und selbst die Blätter lassen sich in den verschiedensten Speisen verwenden.

Doch Vorsicht: Die Pflanze ist zwar relativ klein, hat es aber in sich – die Zierliche mit den rundlichen, stark gezähnten Blättern besitzt sehr zahlreiche Brennhaare, die erheblich stärkere Reiz- und Wirkstoffe enthalten als bei der größeren Verwandten. Deshalb ist die seltenere, einjährige Brennnessel in der Medizin, besonders in der Homöopathie, noch wichtiger als die so oft beschriebene und gepriesene Verwandte.

Verwendbare Fasern kann man aus der Kleinen Brennnessel nicht gewinnen. Aber auch bei ihr hat man früher die Blätter verwendet, um das Chlorophyll zu extrahieren. Heute nutzt man dafür ihre Schwester, die schlicht erheblich mehr Blattmasse erzeugt.

Pillennessel
Urtica pilulifera

Roman nettle

Ortie à pilules

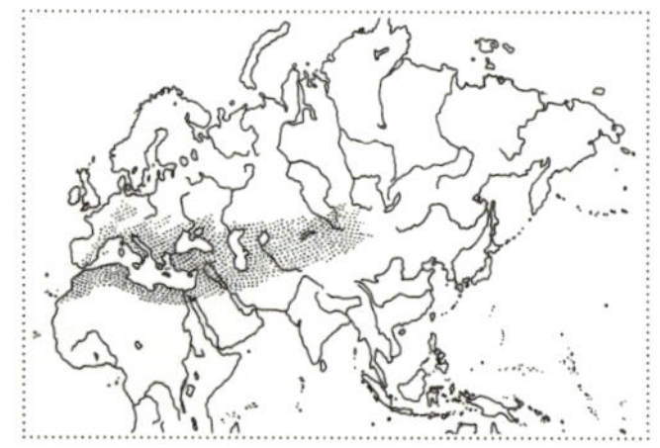

Die nahe Verwandte unserer einheimischen Nesselarten ist ursprünglich im Mittelmeerraum und im südwestlichen Asien zuhause. Sie wird deshalb in den frühen Kräuterbüchern *Römische Nessel* genannt. Wie so viele andere Pflanzenarten haben die Menschen sie schon früh in neue Lebensräume getragen oder verschleppt, unter anderem nach Mitteleuropa, es gibt Standortnachweise und Pollenfunde sogar aus Norddeutschland.

Die Pillennessel kann bis zu einem Meter hoch werden, sie gehört zu den einjährigen Pflanzen, kommt aber auch in einer zweijährigen Variante vor. Ihre länglich-herzförmigen Blätter sind sehr tief gezähnt, tiefer noch als bei der Kleinen Brennnessel. Zudem sind die weiblichen Blüten – sie wachsen auf derselben Pflanze wie die deutlich unterschiedenen männlichen – in kugeligen Blütenständen angeordnet, die tatsächlich an eine runde Pille erinnern können.

In der frühen Neuzeit wurde die *Römische Nessel* von Apothekern und Ärzten in ihren Kräutergärten angebaut. 200 Jahre später hieß es, die Anwendungen seien nicht mehr gebräuchlich, die Pflanze sei aus den Gärten verschwunden. Samuel Hahnemann schrieb 1798 in seinem *Apothekerlexikon,* die »den Leinsamen ähnlichen nur kleinern und dunkelfärbigern Samen von feinem, schärflichtem, fettigem Geschmacke« seien »(vermuthlich ohne Grund) gerühmt und als ein Harn treibendes, Husten und innere Blutflüsse hemmendes, in der Lungensucht und dem Nierengriese dienliches Mittel gebraucht worden«.

Ramie
Boehmeria nivea

China grass

Ortie de Chine

Boehmeria-Arten bilden eine eigene Gattung unter den Brennnesselgewächsen, alle sind in den Tropen und Subtropen Amerikas und Asiens beheimatet. Namenspatron ist der Botaniker Georg Rudolf Böhmer (1723–1803), von seinem Wiener Kollegen Nicolaus Joseph von Jacquin 1760 bei der Erstbeschreibung von *Boehmeria ramiflora* dazu auserwählt.

Die vielen verschiedenen Arten, ausdauernde Stauden oder strauchartige Gewächse, besitzen keine Brennhaare. Alle lieben halbschattige bis schattige Standorte, wachsen daher oft an Waldrändern oder in lichten Wäldern.

Einige Boehmeria-Arten sind ausgesprochen dekorativ, mit großen, oft rundlichen Blättern und rispenförmigen Blütenständen. Deshalb werden die unempfindlicheren von ihnen inzwischen als reizvolle Spezialitäten von Gartenliebhabern geschätzt. Dazu gehört die Ramie, die in Ostasien seit Urzeiten auch als Faserpflanze angebaut wird. Denn aus ihren Stängeln kann man weiße, weiche, geradezu seidige Bastfasern lösen, aus denen begehrte, wertvolle Garne gesponnen werden. Ramiefasern und -stoffe lassen sich mehr als 3000 Jahre zurück archäologisch nachweisen, etwa in altägyptischen Gräbern.

Ramieprodukte wurden seit der frühen Neuzeit auch nach Europa importiert, die Pflanze wurde damals meistens *Indische Nessel* genannt. Ramiestoffe waren als teure Luxusartikel im Handel. Wenn heute echte Nesselstoffe, Nesselhemden, Nesselkollektionen angeboten werden, erweist sich fast immer die Ramie als die Faserlieferantin.

Australische Baumnessel
Dendrocnide moroides

The suicide plant

Gympie Gympie

Dass Brennnesselpflanzen regelrecht gefährlich sein können, beweist – unter anderen – die Australische Baumnessel. Sie kommt auf dem australischen Kontinent und auf einigen indonesischen Inseln als großer Strauch oder kleinerer Baum in lichten Wäldern oder Uferstreifen vor, wird auch *Gympie* genannt – und sollte unbedingt gemieden werden.

Denn die ansehnliche Pflanze ist in allen Teilen – sogar die Früchte – dicht mit Brennhaaren besetzt, die nahezu jedes textile Gewebe durchdringen und sich sehr leicht von der Nessel lösen können. Das Gift ruft heftige Hautreaktionen und extrem starke Schmerzen hervor, die über Tage, ja Monate andauern können.

Es gibt sogar Berichte über die tödliche Wirkung einer intensiven Berührung mit der Baumnessel. Und während des Zweiten Weltkriegs soll ein britischer Offizier im Busch ahnungslos die großen Blätter als Toilettenpapier benutzt und sich dann der unerträglichen Schmerzen wegen erschossen haben.

Es lösen sich auch immerzu Brennhaare von der Pflanze, sodass man sie nicht einmal direkt berühren muss, um Hautreaktionen zu spüren. Außerdem bleibt das Gift auch an getrockneten Pflanzenteilen über sehr lange Zeit wirksam.

Manche bezeichnen diese Nesselart – zumindest was die Folgen einer Berührung angeht – als die gefährlichste Pflanze überhaupt. Dass manche Tiere keinerlei Wirkung des Gifts zeigen, ja dass einige sogar die Blätter fressen, ist umso erstaunlicher.

Gefleckte Strauchnessel

Laportea grossa

Spotted nettle

Ortie pointillé

Die 20 und mehr Arten der Gattung *Laportea* – die Zuordnung schwankt – bilden eine weitere hauptsächlich auf die Tropen beschränkte Gruppe mit Brennhaaren versehener, teils einjähriger, teils ausdauernder Brennnesselverwandter. Einzelne Arten kommen auch in den gemäßigten Zonen Nordamerikas und Asiens vor.

Benannt ist die Gattung nach François Laporte (1810–1880, eigentlich François Louis Nompar de Caumont La Force, comte de Castelnau), einem französischen Naturkundler und Naturschriftsteller.

Die besonders auffällige *Laportea grossa* mit großen, dunkelgrünen, weiß gefleckten Blättern stammt aus dem südlichen Afrika. Die Blattränder sind tief eingebuchtet, und Blattober- und -unterseite sind – wie die gesamte Pflanze – dicht mit leicht hakenförmigen Brennhaaren besetzt. In der Mitte der weißen Flecken auf der Blattoberseite sitzt ein einzelnes Brennhaar auf einer deutlich sichtbaren Aufwölbung. Das Nesselgift dieser Art kann starke Hautreizungen hervorrufen.

Die Pflanze wird mit ihren weichen Trieben bis zu einem Meter hoch und bildet mit ihrer lockeren, wechselständigen Belaubung größere Büsche im Unterholz. Wie die meisten Laportea-Arten wächst auch die Gefleckte Strauchnessel im lichten bis starken Schatten und bevorzugt feuchte Partien. Wegen ihrer dekorativen Wirkung wird sie nicht nur in Südafrika in Parks und Gärten gepflanzt – trotz ihres starken Gifts bieten einige Gärtnereien für tropische Pflanzen sie als eine der attraktivsten Vertreterinnen der Nesselartigen an.

Literaturnachweise

1 S. Wolf-Dieter Storl: *Heilkräuter und Zauberpflanzen zwischen Haustür und Gartentor.* München 2007, S. 28. **2** Horst u. Annelies Beyer: *Sprichwörterlexikon.* München 1985, S. 424. **3** Karl Friedrich Wilhelm Wander: *Deutsches Sprichwörter-Lexicon.* Bd. 3. Leipzig 1873, S. 998 f. **4** Ebd. **5** Beispielsweise in Gerd u. Marlene Haerkötter: *Kochen – Heilen – Zauberei. Rund um die Brennessel.* Frankfurt am Main 1987; Pia Dahlem: *Vorbeugen, heilen und pflegen mit Brennessel.* Weyarn 2000. **6** Wander, *Sprichwörter-Lexicon* [wie Anm. 3], S. 998 f. **7** Walther Mitzka u. Ludwig Erich Schmitt: *Deutscher Wortatlas.* Bd. 17. Gießen 1969, S. 1–8 und Karte 1. **8** Iris Nordstrandh: *Brennessel und Quecke. Studien zur deutschen Wort- und Lautgeographie.* (Lunder germanistische Forschungen, Bd. 28). Lund/Kopenhagen 1957. **9** Zur Klassifizierung und Erläuterung der vielen Bezeichnungen s. Nordstrandh, *Brennessel* [wie Anm. 8], S. 6–19. **10** Jens Dreyer: *Die Fasernessel als nachwachsender Rohstoff.* Hamburg 1999 (Diss. Hamburg 1998), S. 12. **11** Friedrich Kluge: *Etymologisches Wörterbuch der deutschen Sprache.* 19. Aufl., bearb. v. Walther Mitzka. Berlin 1963, S. 509 f. Ausführliche Erörterungen auch von abweichenden etymologischen Herleitungen des Wortes ›Nessel‹ bzw. ›Brennnessel‹ bei Friedhelm Sauerhoff: *Pflanzennamen im Vergleich. Studien zur Benennungstheorie und Etymologie.* Stuttgart 2001 (Zeitschrift für Dialektologie und Linguistik. Beihefte Heft 113), S. 94–98; Ders.: *Etymologisches Wörterbuch der Pflanzennamen.* Stuttgart 2003, S. 638 f. **12** Vgl. die umstrittenen Hypothesen des Bremer Ethnologen Hans Peter Duerr: *Die Fahrt der Argonauten.* Frankfurt am Main 2011. Duerr will im nordfriesischen Wattenmeer Relikte von den Besuchen minoischer bzw. kretischer Seefahrer im 2. Jahrtausend v. Chr. gefunden haben: Ders.: *Rungholt. Suche nach einer versunkenen*

Stadt. Frankfurt am Main 2005. **13** Vgl. Alton Parrish: *Ancient stinging nettles reveal Bronze Age trade connections.* http://www.ineffableisland.com/2012/09/ancient-stinging-nettles-reveal-bronze.html. **14** Bergfjord, C. et al.: »Nettle as a distinct Bronze Age plant.« In: *Nature Scientific Report* 2/664. DOI:10.1038/srep 00664 (2012). **15** http://de.wikipedia.org/wiki/Fasernessel. **16** Renata Windler, Antoinette Rast-Eicher u. Ulla Mannering: »Nessel und Flachs: Textilfunde aus einem frühmittelalterlichen Mädchengrab in Flurlingen (Kanton Zürich)«. In: *Archäologie der Schweiz.* Bd. 18/1995, Heft 4, S. 155–161. **17** Nestorius: *Russische Annalen in ihrer slavonischen Grundsprache.* Hg. v. August Ludwig Schlözer. 5 Bde. Göttingen 1802–1809. Hier Bd. 1–2, S. 295. **18** Albertus Magnus: *De vegetabilibus* 6, 19, 462. Zitiert nach Moritz Heyne: *Körperpflege und Kleidung bei den Deutschen von den ältesten geschichtlichen Zeiten bis zum 16. Jahrhundert.* Paderborn 2013, S. 227 (Nachdruck der Ausgabe 1903) [eigene Übersetzung]. **19** Friedrich Tobler: *Deutsche Faserpflanzen und Pflanzenfasern.* München/Berlin 1938, S. 77 ff. Vgl. Johann Heinrich Moritz v. Poppe: *Geschichte aller Erfindungen und Entdeckungen im Bereich der Gewerbe, Künste und Wissenschaften von der frühesten Zeit bis auf unsere Tage.* Stuttgart 1837, S. 159. **20** Rudolph Böhmer, in: *Breslauer Sammlungen,* Nov. 1723, zit. bei Oswald Richter: »Alte und neue Textilpflanzen« (Vortrag vom 15. Febr. 1915). In: *Schriften des Vereins zur Verbreitung naturwissenschaftlicher Kenntnisse* Bd. 55, 1915. S. 383–442, hier S. 417 f. **21** Margarethe Hald: »The Nettle as a culture Plant.« In: *Folk-Liv. Acta ethnografica et folkloristica europaea* VI/1942, S. 28–49, hier S. 30. **22** Ebd., S. 30. **23** Ebd., S. 31 ff. **24** Ein ausführlicher Essay dazu ist in Vorbereitung. **25** Hans Christian Andersen: *Sämtliche Märchen und Gedichte.* Leipzig 1953, S. 197–216, hier S. 208. **26** Ebd., S. 209.

27 Ebd., S. 209.

28 Alois Wilhelm Schreiber: *Sagen aus den Gegenden des Rheins und des Schwarzwaldes.* Bd. I. Heidelberg 1829, S. 193–196.

29 http://atrid-j-eichin.de/metamorphosen/nesselhemd.de (6. 2. 2015).

30 A.W. Roscher: *Ausführliches Lexikon der griechischen und römischen Mythologie.* Bd. III, 1 Nabaiothes – Pasicharea. (Nachdruck Hildesheim 1965), S. 280.

31 http://universal_lexikon.deacademic.com/107158/Nessushemd (28. 7. 2015).

32 https://www.militaerloge.de/index.php?option=com_content&view=article&id=5&Itemid=115 (28. 7. 2015).

33 Alfred Döblin: »Das Nessushemd.« In: *Schriften zur Politik und Gesellschaft.* (Ausgewählte Werke in Einzelausgaben). Hg. v. Heinz Graber. Olten / Freiburg i. Br. 1972, S. 190–198.

34 Walter Boehlich: »›Die Antwort ist das Unglück der Frage‹. Dankesrede«. In: *Deutsche Akademie für Sprache und Dichtung* (Hg.): Jahrbuch 1990. Darmstadt 1991, S. 98–102, hier S. 99.

35 August Schnezler: »Das Nesselhemd«. In: Ders. (Hg.): *Badisches Sagen-Buch,* Bd. II. Karlsruhe 1846, S. 303–305.

36 Roscher, *Lexikon* [wie Anm. 30], S. 280.

37 Ulla Hahn: *Spielende.* Stuttgart 1983, S. 31. (= *Klima für Engel.* Stuttgart 1993, S. 46).

38 Heiner Müller: »Philoktet«. In: *Werke 3. Stücke 1.* Hg. v. Frank Hörnigk. Frankfurt am Main 2000, S. 289–327, hier S. 307. Auch die literaturwissenschaftliche Forschung hat ziemlich umstandslos Müllers Lapsus übernommen: Z. B. Urs Brähm: »Fürs Leben können Sie bei uns nichts lernen.« Heiner Müllers ›Philoktet‹ – Mythenadaption zwischen Aufklärung und Kulturpessimismus. Freiburg i. U. Lic.-Arbeit 2002, S. 19.

39 Was dem Dramatiker Heiner Müller da unterlaufen ist, hätte er unschwer noch korrigieren können – in einer Unterhaltung mit Alexander Kluge über ›Theater der Finsternisse‹ erwähnt Kluge, als man auf den Herakles-Mythos und mögliche politische Aktualisierungen zu sprechen kommt, im Rückblick auf die sowjetische Geschichte vor allem der Stalin-Ära könne man vielleicht »die vereinigte Arbeitskraft« mit Herakles vergleichen. »Das könnte vom Wahnsinn überfallen sein, das kann ein Nessus-Hemd angezogen kriegen, so daß alles verbrennt.« https://kluge.library.cornell.edu/de/conversations/mueller/film/120 (27.7.2015). **40** Sebastian Killermann: *A. Dürers Pflanzen- und Tierzeichnungen und ihre Bedeutung für die Naturgeschichte.* Straßburg 1910. **41** Claus Nissen: *Die botanische Buchillustration. Ihre Geschichte und Bibliographie.* 2. Aufl. Stuttgart 1966, S. 37 ff. **42** Ingeborg Ruthe: *Der Unbestechliche.* http://www.berliner-zeitung.de/archiv/wiederentdeckt-im-dresdner-albertinum--curt-querner-zum-100--geburtstag-der-unbestechliche,10810590,10166672.html#plx1292286799 (18.10.2015). **43** www.dieterwunderlich.de/Hundertwasser_3.htm (2.2.2015). **44** Pierre Bourdieu: *Die Regeln der Kunst. Genese und Struktur des literarischen Feldes.* Frankfurt am Main 1999. **45** Maria Marten: *Buchstabe, Geist und Natur. Die evangelisch-lutherischen Pflanzenpredigten in der nachreformatorischen Zeit.* Bern u. a. 2010 (Vestigia bibliae 29/30). **46** Clemens Zerling: *Lexikon der Pflanzensymbolik.* Baden/München 2007, S. 45. **47** Ludwig Uhland: *Alte hoch- und niederdeutsche Volkslieder. Liedersammlung in 5 Büchern. Abhandlung.* 3. Aufl., Bd. 3. Stuttgart 1893, S. 270 f. **48** Thomas Kling: »Spracharbeit. Botenstoffe. Berliner Vortrag über das 17. Jahrhundert.« In: Ders.: *Botenstoffe.* Köln 2001, S. 51–69, hier S. 67. **49** Victor Hugo: *Die Elenden.* Köln 2013, S. 174. **50** Arno Schmidt: *Die Gelehrtenrepublik.* Frankfurt am Main 2006, S. 50. **51** Christine Lavant: *Werke in vier Bänden.* Bd. 1: *Zu Lebzeiten veröffentlichte Gedichte.* Göttingen 2014, S. 296, 310, 347, 384, 388. **52** Peter von Matt: »Trümmermärchen«. In: Ders.: *Wörterleuch-*

ten. München 2009, S. 153–154, hier S. 153. **53** Günter Eich: *Zu den Akten.* Frankfurt am Main 1964, S. 25. **54** von Matt, *Wörterleuchten* [wie Anm. 52], S. 154. **55** Eich, *Zu den Akten* [wie Anm. 53], S. 52. **56** Adolf Endler: *Nackt mit Brille. Gedichte.* Berlin 1975, S. 9. **57** Storl, *Heilkräuter* [wie Anm. 1], S. 34 f. **58** Ebd., S. 35. **59** Ebd., S. 38. **60** Ebd., S. 33 f., 40 f., 51. **61** Madaus (http://www.rottapharm-madaus.de/heilpflanzen-datenbank/urtica-dioica/inhaltsstoffe); Heilpflanzenlexikon: Brennnessel (http://www.apotheken-umschau.de/heilpflanzen/brennessel); Phytochemische Untersuchung von Nesseln (https://online.uni-graz.at/kfu_online/wbAbs.showThesis?pThesisNr=20465&pOrgNr=1); Biothemen: Brennnessel (http://www.biothemen.de/Heilpflanzen/presssaft/Brennnessel.pdf); Brennnessel: Haariges Rezept gegen Rheuma & Co. (http://arztsuche24.at/ratgeber/hausmittel/brennnessel-haariges-rezept-gegen-rheuma-und-co) (6. 9. 2015). **62** Storl, *Heilkräuter* [wie Anm. 1], S. 36. **63** Heinrich Marzell: *Geschichte und Volkskunde der deutschen Heilpflanzen.* Stuttgart 1938, S. 79. **64** Hans Bächtold-Stäubli (Hg.): *Handwörterbuch des deutschen Aberglaubens.* Bd. 1 *Aal–Butzemann.* [Nachdruck] Berlin / New York 1987, Sp. 1560. **65** Marzell, *Geschichte* [wie Anm. 63], S. 79 f. **66** Bächtold-Stäubli, *Handwörterbuch* [wie Anm. 64], Sp. 1559. **67** Bächtold-Stäubli, *Handwörterbuch* [wie Anm. 64], Sp. 1553. **68** Ebd. **69** Marzell, *Geschichte* [wie Anm. 63], S. 80. **70** Storl, *Heilkräuter* [wie Anm. 1], S. 46. **71** Ebd. **72** Marzell, *Geschichte* [wie Anm. 63], S. 80; Storl, *Heilkräuter* [wie Anm. 1], S. 47. **73** Storl, *Heilkräuter* [wie Anm. 1], S. 47, nach Bächtold-Stäubli, *Handwörterbuch* [wie Anm. 64], Sp. 1554. **74** Storl, *Heilkräuter* [wie Anm. 1], S. 52. **75** Bächtold-Stäubli, *Handwörterbuch* [wie Anm. 64], Sp. 1557. **76** Ebd., Sp. 1554. **77** Ebd.,

Sp. 1559. **78** Storl, *Heilkräuter* [wie Anm. 1], S. 49. **79** *Die Brennnessel – ungeliebtes Wunderkraut und bekämpfter Heilbringer,* www.gesundheitlicheaufklaerung.de/brennnessel-ungeliebtes-wunderkraut-bekaempfter-heilbringer (9. 9. 2015). **80** Dazu Dagny Kerner u. Imre Kerner: *Die Sprache der Pflanzen ... und wie wir sie verstehen können.* Düsseldorf 2005, S. 45 ff. **81** Beispiele ebd., S. 63 ff.; Volker Arzt: *Kluge Pflanzen.* München 2009, S. 111 ff. **82** Kerner, *Sprache* [wie Anm. 80], S. 69 f. **83** Kerner, *Sprache* [wie Anm. 80], S. 71 ff.; vgl. Arzt, *Kluge Pflanzen* [wie Anm. 81], S. 114 ff. **84** Stefano Manusco u. Alessandra Viola: *Die Intelligenz der Pflanzen.* München 2015, S. 103 f. **85** Kerner, *Sprache* [wie Anm. 80], S. 37 f. **86** Peter Tomkins u. Christopher Bird: *Das geheime Leben der Pflanzen.* Frankfurt am Main 1977, S. 121 ff. **87** Kerner, *Sprache* [wie Anm. 80], S. 135 ff. **88** Tomkins / Bird: *Das geheime Leben* [wie Anm. 86], S. 130 ff. **89** http://infos-fuer-alle.de/Naturgarten/Wildpflanzen_Unkraeuter_03.html. **90** Storl, Heilkräuter [wie Anm. 1], S. 48. **91** Über rätselhafte ›Symbiosen‹ zwischen Pflanzen auch Tomkins/Bird: *Das geheime Leben* [wie Anm. 86], S. 142 f. **92** Renate Germer: *Handbuch der altägyptischen Heilpflanzen.* Wiesbaden 2008, S. 358. **93** Gabriele Gierlich: *Handreichung für Lehrkräfte. Ägyptens Schätze entdecken. Meisterwerke aus dem Ägyptischen Museum Turin.* Speyer 2012, S. 25. **94** Germer, *Handbuch* [wie Anm. 92], S. 358. **95** Johann Heinrich Dierbach: *Die Arzneimittel des Hippokrates oder Versuch einer systematischen Aufzählung der in allen hippokratischen Schriften vorkommenden Medikamente.* Heidelberg 1824, S. 29; Christian Rätsch: *Heilpflanzen der Antike.* Aarau / München 2014, S. 123. **96** Vgl. mit frühen Belegen Herbert Reier: *Die altdeutschen Heilpflanzen, ihre Namen und Anwendungen in den literarischen Überlieferungen* *des 8.–14. Jahrhunderts.* Bd. I, *A bis H.* Kiel 1982, S. 70 f.; 360 ff. **97** Ebd., S. 364. **98** Hildegard von Bingen: *Ursachen und Behandlungen der Krankheiten.* Beuron 2012. **99** http://www.heilpflanzenkatalog.net/heilpflanzen/heilpflanzen-europa/79-brennnessel.html (24. 9. 2015). **100** Dazu das opulente Buch von Anna Pavord: *Wie die Pflanzen zu ihren Namen kamen. Eine Kulturgeschichte der Botanik.* Berlin 2008. **101** Nach Vorläufern wie Johann Künzle (*Das große Kräuterheilbuch,* 1945) oder Richard Willfort (*Gesundheit durch Heilkräuter*, 1959) etwa Wilhelm Pelikans anthroposophische *Heilpflanzenkunde* (1975) oder Juliette Bairaeli Levys *The Illustrated Herbal Handbook* (1974) oder Maurice Mességués *C'est la nature qui a raison* (1972), wenig später die sehr erfolgreichen ›volksmedizinischen‹ Schriften von Maria Treben (*Gesundheit aus der Apotheke Gottes* 1980) und die Bücher von Susanne Fischer-Rizzi (*Medizin der Erde,* 1984). **102** Rudolf Fritz Weiss war ihr Pionier (*Moderne Pflanzen-Heilkunde. Neues über Heilpflanzen und ihre Anwendung.* Bad Wörishofen 1966; *Lehrbuch der Phytotherapie.* Stuttgart 1942 u. ö.). **103** Z. B. Johannes Gottfried Mayer u. Konrad Goehl (Hg.): *Kräuterbuch der Klostermedizin. Der ›Macer Floridus‹.* Leipzig 2013; Johannes Gottfried Mayer, Bernhard Uehleke u. Kilian Saum: *Handbuch der Klosterheilkunde.* München 2002 u. ö. **104** Haerkötter: *Kochen* [wie Anm. 5] **105** Storl, *Heilkräuter* [wie Anm. 1], S. 19–61; Susanne Fischer-Rizzi: *Medizin der Erde. Legenden, Mythen, Heilanwendungen und Betrachtung unserer Heilpflanzen.* München 1999 [zuerst 1984], S. 93–105; Nancy Arrowsmith: *Das Buch der heilenden Kräuter. Herbologie, Heilkraft, Rezepte und Geschichten.* Berlin 2009, S. 142–161. **106** Es gibt sogar detaillierte Speisepläne für eine vierzehntägige ›Entschlackungskur‹: Ingrid Pfendtner: *Natürlich heilen*

mit Brennessel. Die Wiedeentdeckung eines alten Hausmittels. München 1999, S. 63–95.
107 http://www.phytodoc.de/heil pflanze/brennnessel (6. 9. 2015).
108 Renate Spannagel: *Heilkraut Brennnessel. Gesundheitspflege – Teezubereitung – Kosmetische Anwendung.* Augsburg 1998, S. 40 f. **109** Dahlem: *Vorbeugen* [wie Anm. 5], S. 44 f. **110** Pfendtner, *Brennessel* [wie Anm. 106], S. 42. **111** Dahlem, *Vorbeugen* [wie Anm. 5], S. 33, 66. **112** Storl, *Heilkräuter* [wie Anm. 1], S. 40.
113 Vgl. Dahlem, *Vorbeugen* [wie Anm. 5], S. 40–69; Storl, *Heilkräuter* [wie Anm. 1], S. 29 f.; Eva Hanke u. Ernst Wegner: *Die Heilkraft der Brennnessel.* München 2000, S. 70–80.
114 http://www.phytodoc [wie Anm. 107]. **115** Storl, *Heilkräuter* [wie Anm. 1], S. 29.
116 Spannagel, *Heilkraut* [wie Anm. 108], S. 24 f., S. 40 f.
117 Pfendtner, *Brennnessel* [wie Anm. 108], S. 60 f. **118** etwa Dahlem, *Vorbeugen* [wie Anm. 5], S. 84 ff. **119** Spannagel, *Heilkraut* [wie Anm. 108], S. 75. **120** Ebd., S. 81 f. **121** *Sämtliche Kinder- und Hausmärchen. Gesammelt durch die Brüder Grimm.* Mannheim 2011, S. 804. **122** Michael Machatschek: *Nahrhafte Landschaft.* Bd. 1 und 2, Wien/Köln/Weimar 1999 und 2004.
123 http://www.kaesekessel.de/kraeuter/b/brennnessel.htm (3. 10. 2015). **124** http://www.der-andere-weg.de/produkte/wissenswertes/die-brennnessel.html (3. 10. 2015). **125** Vergleich bei http://www.heilpflanzen-welt.de/2008-07-Wehrhaft-und-majestaetisch-Die-Brennnessel (3. 10. 2015). **126** Dahlem, *Vorbeugen* [wie Anm. 5], S. 121.
127 Spannagel, *Heilkraut* [wie Anm. 108], S. 63 f. **128** Dahlem, *Vorbeugen* [wie Anm. 5], S. 125.
129 Jean-Marie Dumaine: *Meine Wildpflanzenküche. 150 Rezepte für Feinschmecker.* Baden/München 2005, S. 38.

Abbildungs-verzeichnis

Seiten 76 *Samson bezwingt den Löwen.* Albrecht Dürer, 1496–1497.

Seite 79 *Von der Tugend.* Hans Weiditz, Petrarcas Trostbuch, 1532.

Seite 81 *Selbstbildnis mit Brennnessel.* Curt Querner, 1933. bpk / Nationalgalerie, SMB / Jörg P. Anders. © VG Bild-Kunst, Bonn 2017.

Seite 84 Miniatur aus der *Mettener Regel,* Metten 1414.

Seite 95 *Urtica urens.* C. F. Millspaugh: American medicinal plants, Vol. 2, 1892.

Seite 98 *Große Brennnessel,* O. Schmeil, J. Fitschen: Pflanzen der Heimat, Leipzig 1913.

Seite 108/109 *Urtica doica, U. pilulifera, U. urens,* Sowerby's English botany, London 1868.

Seite 115 *Braungebänderter Linienspanner,* Paul-André Robert, 1930, Aquarell, Sammlung Stiftung Robert, NMB Neues Museum Biel.

Seite 120/121 *Nesseln.* Hieronymus Bock: Kreütterbuch, Straßburg 1546 (2. Aufl.).

Seite 126 *Nesseln.* Otto Brunfels: Herbarum vivae eicones, Straßburg 1530.

Seite 135 *Große Nessel,* F. B. Vietz: Icones plantarum medico-oeconomico-technologicarum, Wien 1804.

Seiten 142 *Grande Ortie,* Pierre Bulliard: Flora Parisiensis, Paris 1776–1781.

Seiten 147/149 Illustrationen von Falk Nordmann nach A. G. Dietrich: Flora regni borussici, Bd. 10, Berlin 1842.

Seiten 151–157 Illustrationen von Falk Nordmann, Berlin 2017.

Dank an: Ausdrücklich Dank sagen möchte ich Beate Amrhein und Gerd Käckenmester in der Bibliothek des Instituts für Neuere deutsche Literatur an der Universität Hamburg; Werner Moser und Eva Scharnowski von der Firma Mattes & Ammann sowie der Modedesignerin Gesine Jost; Gabriele Kranz vom Loki Schmidt Haus im Biozentrum Flottbek der Universität Hamburg und Dr. Reinhard Piechocki für viele Gespräche und Ermunterungen.

Ludwig Fischer, geboren 1939 in Leipzig, war Professor für Neuere deutsche Literatur und Medienkultur an der Universität Hamburg. Er ist Landschafts- und Naturtheoretiker, Schriftsteller, Gärtner und Kräuterexperte.

NATURKUNDEN № 32
Zweite Auflage Berlin 2019

NATURKUNDEN
herausgegeben von Judith Schalansky
erscheinen bei Matthes & Seitz Berlin
ermöglicht durch Jan Szlovak, Hamburg

Copyright © 2017
MSB Matthes & Seitz Berlin Verlagsgesellschaft mbH
Göhrener Straße 7, 10437 Berlin
info@matthes-seitz-berlin.de
info@naturkunden.de
Alle Rechte vorbehalten.

EINBAND UND TYPOGRAFIE Pauline Altmann, Berlin
nach einem Entwurf von Judith Schalansky
TITELILLUSTRATION Pauline Altmann, Berlin
SCHRIFT Ingeborg von Michael Hochleitner/Typejockeys
LITHOGRAFIE Tomas Mrazauskas, Berlin
HERSTELLUNG Hermann Zanier, Berlin
PAPIER 90 g/m^2 Fly 04 hochweiß, 1,2 faches Volumen
EINBANDMATERIAL Napura® Khepera von
Winter & Company GmbH, Lörrach
DRUCK UND BINDUNG Pustet, Regensburg

ISBN 978-3-95757-407-7

www.naturkunden.de
www.matthes-seitz-berlin.de